AF870133

L'IMAGE DU MONDE DE NEWTON À EINSTEIN

509
SIM

ARKAN SIMAAN

L'IMAGE DU MONDE DE NEWTON À EINSTEIN

PRÉFACE DE
JEAN-CLAUDE PECKER

29 SEP 2005

MEDIATHEQUE DE LA
COMMUNAUTE D'AGGLOMERATION
DE SAINT-QUENTIN-EN-YVELINES
MEDIATHEQUE Antoine de Saint-Exupéry
5 place de la Division Leclerc
78960 VOISINS-LE-BRETONNEUX
Tél. 01 30 60 91 04

ADULTES

SORTI DES
COLLECTIONS
SQY

VUIBERT · ADAPT

Aux éditions Vuibert, des dizaines d'autres ouvrages scientifiques :

www.vuibert.fr

Image de couverture : « Les trains de projectiles pour la Lune », gravure sur bois de A. F. Pannemaker, illustration extraite de : Jules Verne (1828-1905), *De la Terre à la Lune*, éditions Hetzel, 1865 © akg-images

Couverture : Vuibert / Arnaud Martin

Maquette, composition & mise en page : Isabelle Paisant

Édition, relecture & correction : ADAPT

Coordination technique : Alain Luguet

ISBN 2 7117 5379 4
ISBN ADAPT 2 909680 67 3
www.vuibert.fr
www.adapt.snes.edu

La loi du 11 mars 1957 n'autorisant aux termes des alinéas 2 et 3 de l'article 41, d'une part, que les « copies ou reproductions strictement réservées à l'usage privé du copiste et non destinées à une utilisation collective » et, d'autre part, que les analyses et les courtes citations dans un but d'exemple et d'illustration, « toute représentation ou reproduction intégrale, ou partielle, faite sans le consentement de l'auteur ou de ses ayants droit ou ayants cause, est illicite » (alinéa 1er de l'article 40). Cette représentation ou reproduction, par quelque procédé que ce soit, constituerait donc une contrefaçon sanctionnée par les articles 425 et suivants du Code pénal. Des photocopies payantes peuvent être réalisées avec l'accord de l'éditeur. S'adresser au Centre français d'exploitation du droit de copie : 20 rue des Grands Augustins, F-75006 Paris. Tél. : 01 44 07 47 70

© Vuibert – mars 2005 – 20 rue Berbier-du-Mets, F-75647 Paris cedex 13
© ADAPT/SNES – 46 avenue d'Ivry 75013 Paris

Table des matières

Préface

Il est toujours bon, à mon avis, d'aborder une science en partant de son histoire, et l'astronomie en particulier, ancienne science s'il en est. La meilleure façon de comprendre l'état actuel de cette discipline, est de suivre en quelque sorte le progrès de sa logique depuis ses premiers balbutiements jusqu'aux idées les plus savamment élaborées de nos contemporains. En vérité, l'image du Monde, de ce que nous appelons aujourd'hui l'Univers, s'est progressivement construite, entre dogmes, paradigmes et scepticismes, pas à pas, comme un édifice à l'architecture superbe, mais si complexe qu'elle risque d'être tout à fait incompréhensible à qui ne suit pas ses avatars successifs dans le temps.

Il y a quelques années, Arkan Simaan et Joëlle Fontaine nous ont fait parcourir les vingt-cinq siècles qui séparent Newton des Babyloniens. Voici explorés, en ce second volet, les deux siècles et demi qui séparent Newton d'Einstein. Deux siècles et demi aussi riches (mais la perspective peut tromper) que les vingt-cinq siècles précédents – si l'on en juge par le nombre de pages qu'Arkan Simaan y consacre. Aussi riches en tous cas, si l'on interroge notre culture.

Une césure dans l'histoire de notre conception du Monde coïncide-t-elle vraiment avec la division entre les deux ouvrages ? Marquerait-elle le triomphe de Newton ? Sans doute, et ce plutôt que l'héliocentrisme timide de Copernic. Avec Kepler, on avait décrit la cinématique du système solaire ; avec Newton, on en construit une théorie dynamique efficace, encore largement applicable de nos jours.

Mais le « Monde » est encore pourtant, au temps de Newton, celui des Anciens, à peu de choses près : c'est le Soleil, la Terre avec sa Lune, les planètes. Les distances, au-delà des orbes planétaires, sont inconnues. Les acquisitions de Galilée n'ont guère changé la profondeur de l'exploration. Après une Antiquité qui limitait ses mesures à l'environnement terrestre, le XVIIe siècle héliocentrique reste limité au système solaire. Pour Herschel, scrutateur de la Voie lactée, le Soleil est encore au centre de l'Univers stellaire – ce que nous appelons aujourd'hui notre « Galaxie ». Ce n'est qu'en 1830 que l'on mesure les distances des étoiles les plus proches de nous. Les autres galaxies (les « univers-îles » qu'Herschel devinait) n'ont fait alors qu'une timide apparition. Mais au début du XXe siècle encore, si l'on sait désormais que le Soleil n'est situé que dans les confins de la Galaxie, loin de son centre, on pourra croire que notre Galaxie est au centre de l'Univers ; les autres galaxies, dont la distance était encore fortement sous-estimée au temps des premiers travaux d'Einstein, n'étaient guère que de petits compagnons de la nôtre, si même ils ne lui appartenaient pas. Et tout cela n'était connu que dans ses aspects contemporains, comme si l'Univers était immuable ; ou comme si la lumière se transmettait à une vitesse infinie ; ou encore comme si toutes ces étoiles, toutes ces galaxies étaient fort proches de nous. Il fallut Hubble pour rejeter ce nouveau centrisme, et pour inaugurer une astronomie des profondeurs de l'espace et des profondeurs du temps, à laquelle la dynamique einsteinienne devra se confronter, dans le cadre très exaltant, mais aussi très déroutant, des paradigmes de la cosmologie moderne.

La mécanique de Newton est quasiment définitive. Celle d'Einstein en étend le domaine, en modifie la formulation et le sens physique ; mais elle n'en change pas le caractère opérationnel dans un domaine très étendu de conditions physiques. Ce point d'orgue que constituaient les *Principia* dans l'histoire de notre vision du Monde reste donc sans conteste essentiel, et Arkan Simaan insiste très justement sur les différents aspects du triomphe de Newton, notamment sur l'issue de la querelle des cartésiens et des newtoniens. Un aspect fort intéressant de ce débat se trouve dans le rôle de la religion. Il faut bien reconnaître que la condamnation de Giordano Bruno et surtout l'abjuration sous contrainte de Galilée avaient été mal vécues par l'Église elle-même. Un retour était nécessaire vers une position néo-thomiste de conciliation subtile entre les exigences de respect des « phénomènes » observés et les impératifs dictés par les Saintes Écritures. Il fallait bien que l'Église revienne, comme au Moyen Âge, dans le débat et accepte nombre de faits contraires pourtant aux dogmes fondateurs. Du bout des lèvres certes, mais enfin... !

Le triomphe du newtonianisme est évidemment dû à l'heureuse confrontation entre les prévisions de la théorie et les observations précises des astronomes, notamment en ce qui concerne l'aplatissement de la Terre. Ainsi en est-il toujours aujourd'hui. Notons que cette permanente confrontation n'est en fait devenue possible qu'avec l'apparition de théories quantitatives comme, précisément, celle de Newton.

Dans la foulée de l'œuvre newtonienne, apparaissent la « cosmogonie » – genèse et évolution du système solaire et des autres systèmes stellaires – puis la « cosmologie », genèse et évolution de l'Univers.

Comment évolue le système solaire ? Comment s'est-il formé, en respectant constamment les lois de la mécanique newtonienne et de la physique ? Des penseurs comme Kant, Lambert, Buffon, ou Laplace ont abordé ce problème. Buffon notamment, auquel Simaan a consacré un important chapitre. Buffon, et ses démêlés avec la hiérarchie catholique : ne touche-t-il pas, de façon essentielle, au dogme fixiste fondamental ?

Sans doute, mais le Siècle des Lumières donnait aux contemporains de Voltaire et de Diderot une liberté que n'avait pas eue Galilée. Ce contrepoint que poursuit l'auteur de page en page est en vérité fascinant entre le progrès de la connaissance cosmogonique et la résistance visqueuse, mais pas toujours passive, des dogmes chrétiens.

Je ne saurais ici analyser toutes les parties de ce très riche et très lucide ouvrage. J'aimerais comparer ce qui s'est produit avec les développements successifs, mais presque parallèles, de la cosmogonie et de la cosmologie. Dans l'esprit, il semble s'agir de deux démarches comparables : recherche de la structure, puis des origines et de l'évolution consécutive de deux entités, le système solaire (cosmogonie), et l'Univers (cosmologie). À l'histoire, souvent faite de dogmes successifs, de ces deux disciplines, Arkan Simaan consacre une juste place. Mais l'analogie est très discutable.

Certes, le développement des deux disciplines offre bien des ressemblances, en dehors de leurs objets, semblables l'un à l'autre dans leur formulation. En effet, pour atteindre la cosmogonie du système solaire, il a fallu en passer par les descriptions ptolémaïques et coperniciennes. On restait d'abord dans le dogme aristotélicien des trajectoires circulaires ; et on accumulait les cercles « épicycles » et les cercles « déférents », plus nombreux encore dans la description héliocentrique de Copernic que dans la description géocentrique de Ptolémée, dans la mesure où l'arsenal des observations s'était nettement accru pendant plus de dix siècles d'intervalle. Ce furent la simplification de Kepler et la systématisation de Newton qui permirent d'aboutir à des idées cosmogoniques plausibles. Sautons deux siècles : la cosmologie, issue de la Relativité Générale est passée par le Big Bang des années 1950, modèle aussi simple que celui des sphères homocentriques des Anciens ; mais les observations – toujours les observations ! – forcent les promoteurs du big bang (auquel il faut désormais retirer ses majuscules), de la « cosmologie standard », à en compliquer le modèle ; il faut aujourd'hui, pour définir ce qu'ils nomment la « cosmologie de précision », de très nombreux paramètres : ne se trouve-t-on pas devant une nouvelle accumulation d'épicycles ? Là s'arrête d'ailleurs le parallèle ; car le Kepler des temps modernes n'est pas encore là, même si Einstein a fourni, en précurseur visionnaire, les bases dynamiques et géométriques de tout modèle d'Univers.

Et, en effet, il y a une autre différence, sans doute infranchissable, entre ces deux disciplines. C'est une chose assez simple en somme que l'évolution du système solaire, assez jeune puisqu'il n'est âgé que de cinq milliards d'années et s'est formé alors que la Galaxie était déjà très proche de ce qu'elle est aujourd'hui. D'ailleurs, on peut vérifier la théorie moderne de l'évolution d'un système stellaire comme celui du Soleil, en étudiant les dizaines de milliers d'étoiles membres de divers amas d'étoiles, plus ou moins jeunes. En vérité, la vérification de la théorie de l'évolution stellaire est comparable à une expérimentation de laboratoire : on change les paramètres de l'expérience, en passant d'une étoile à l'autre.

En revanche, la cosmologie est unique – par définition ! On ne peut pas refaire le big bang, si big bang il y a eu. On ne peut expérimenter sur la physique des « premiers instants ». On ne peut guère donner de sens cosmologique à des notions nouvelles, introduites *ad hoc*, par nécessité, pour sauver le big bang : énergie obscure, inflation, grande unification, super-symétrie. Ces notions ont certes une certaine cohérence interne, due à l'exploitation de diverses disciplines mathématiques, comme la théorie des groupes. Mais on ne voit pas à quelles observations, à quelles expériences elles peuvent se rattacher... Narlikar suggère que la cosmologie est une discipline qui ne satisfait pas aux critères que l'on est en droit d'exiger (reproductibilité par exemple) de la part d'une théorie véritablement scientifique. La cosmologie moderne nous offre donc à nouveau des dogmes (qu'elle baptise « paradigmes »), comparables en un certain sens aux dogmes que la religion opposait naguère à l'étude de l'évolution de la Terre. Et sans doute sera-t-il nécessaire de montrer comment on peut les contourner : c'est dans l'observation des grandes profondeurs du ciel, nécessairement, que l'on trouvera des réponses non dogmatiques, et non influencées par la position – encore jugée « particulière » par certains – de l'Homme dans l'Univers.

De Newton à Einstein, de la cosmogonie à la cosmologie, en passant par les grandes figures qui ont marqué la progression des idées, Arkan Simaan nous invite à un parcours entre les dogmes et la science, un parcours assurément fascinant, riche, ouvert sur de nouvelles avenues de la réflexion, un parcours qui ne sera jamais terminé. L'horizon ne recule-t-il pas toujours ? Qu'Arkan Simaan, ce guide lucide vers les progrès futurs, en soit remercié !

Jean-Claude Pecker

Professeur au Collège de France et membre de l'Institut

Avis aux lecteurs

Ce livre n'a d'autre projet que d'être une description à l'usage des non scientifiques du changement intervenu dans la perception de l'Univers depuis Newton.

Il prend la suite de *L'Image du Monde des Babyloniens à Newton*[1], mais peut être lu indépendamment. Nous avions alors montré que Newton avait transformé notre façon d'appréhender l'Univers en révolutionnant la mécanique, les mathématiques et l'optique. Il restait cependant conservateur sur un point : le monde qui émergeait de sa plume était conforme à celui créé par le Dieu de la Bible, inchangé depuis sa naissance, avec les mêmes plantes et les mêmes étoiles, habité par les mêmes animaux et, bien sûr, par des êtres humains semblables en tout point à Adam et Ève.

La grande innovation depuis cette époque a été le concept d'évolution. La science actuelle enseigne en effet les transformations géologiques, l'évolution des espèces et l'expansion de l'Univers, ce qui est aux antipodes du monde newtonien. Elle nous indique donc que rien hier n'était semblable à aujourd'hui, et que tout sera différent demain. C'est Darwin qui bouleverse la vision biblique au milieu du XIXe siècle en apportant les preuves de l'évolution des espèces. Si sa conception métamorphose la biologie, elle s'avère également féconde pour les astronomes : en introduisant la notion d'évolution dans la mentalité des savants, elle libère les entraves ancrées jusque-là dans les esprits, ouvre grand les portes à l'idée que l'Univers lui-même peut avoir une histoire.

En avançant, la science emprunte des culs-de-sac, rebrousse chemin, prend de fausses pistes. Pour des raisons de brièveté, il a bien fallu laisser de côté quelques épisodes : on ne peut tout raconter. À en croire Voltaire, on ne le doit pas non plus : « Malheur à l'auteur qui veut tout instruire ! Le secret d'ennuyer est celui de tout dire ».[2] J'ai donc fait le choix de supprimer certains passages en fonction, bien entendu, du recul que l'Histoire nous apporte, c'est-à-dire de notre connaissance présente. J'ai dû aussi trancher sur des questions de priorité. Il n'y a guère de découvertes qui ne soient revendiquées par plusieurs savants en même temps. Le plus souvent, je me suis abstenu d'encombrer les pages avec des noms propres que seuls les spécialistes ont l'obligation de connaître.

---

1. Arkan Simaan et Joëlle Fontaine, *L'Image du Monde des Babyloniens à Newton*, Adapt Éditions, 1998.
2. Voltaire, *Sixième discours sur la nature de l'homme*.

J'ai voulu brosser un tableau de cette science si humaine, enracinée dans l'histoire et la mentalité de son époque, sans oublier que toute vision nouvelle provoque des résistances qui peuvent venir aussi bien du pouvoir politique que des ecclésiastiques, sans oublier les savants qui sont, comme tous les autres hommes, victimes parfois de leurs passions, voire de leurs certitudes. Ces derniers sont dans certains cas portés par leur milieu, mais aussi venus quelquefois à la science par de simples et heureux hasards. Leurs biographies sont donc ponctuées de péripéties passionnantes et, souvent, méconnues. Voici pourquoi elles m'ont paru dignes d'être racontées en même temps que les recherches.

Ce livre s'adresse à tout lecteur curieux, aux amateurs d'astronomie, aux collègues enseignants pour nourrir leurs cours. Mais il se destine surtout aux jeunes qui s'interrogent sur les questions inlassablement posées par les civilisations passées. Certaines, comme la Création du monde, appartenant exclusivement au domaine de la foi, ne pourront jamais avoir de réponse scientifique. En revanche, il est possible de s'aventurer sur les sentiers difficiles de la détermination de la forme et des dimensions de l'Univers. « Si la raison n'a pas vraiment triomphé de cette recherche, dit si bien Jacques Merleau-Ponty, elle en a tiré profit ; comme les enfants du laboureur, elle n'a pas trouvé le trésor mais s'est enrichie en le cherchant. »[3]

REMERCIEMENTS

Je voudrais tout d'abord remercier vivement Jean-Claude Pecker qui a bien voulu, de nouveau, honorer mon livre d'une préface.

Toute ma reconnaissance aussi à Joëlle Fontaine, Paul Felenbok, Gérard Hatab, Paul Mazliak, Jean Rosmorduc et David Sellers, dont les compétences m'ont permis d'améliorer le manuscrit, ainsi qu'à Michel Spinner et à Jean Weck qui ont accepté la lourde tâche de lire et commenter le manuscrit.

Un merci également à mes amis et collègues enseignants d'histoire, de mathématiques, de philosophie et de physique dont les remarques avaient pour but de rendre ce livre accessible aux élèves : Hélène Galiègue, Annette Maury, Soizic le Pautremat, Jean-Paul Falcy, Michel Laudon, Dominique Raynal et Olivier Sangoï.

Enfin, je ne voudrais surtout pas oublier l'équipe d'Adapt et de Vuibert pour leur encouragement, plus particulièrement Catherine Elzière, sans qui cet ouvrage serait resté à l'état de projet.

3. Jacques Merlau-Ponty, postface à Françoise Monnoyeur, *Infini des philosophes, infini des astronomes*, Belin, 1995, p.271.

L'image du Monde avant Newton

On trouve dans l'Antiquité grecque, cinq siècles avant notre ère, une pensée rationnelle exigeante, s'exprimant notamment par la plume d'Aristote. Le philosophe savait que notre planète est ronde et professait un système géocentrique plaçant la Terre au centre du monde, faisant donc circuler les astres du ciel, y compris le Soleil, autour de nous. Un philosophe grec, Aristarque de Samos, évoquera plus tard une explication héliocentrique où le Soleil trône au centre de l'Univers. Mais il ne sera pas écouté. Au contraire, le géocentrisme sera conforté au deuxième siècle de notre ère par le grand astronome d'Alexandrie, Ptolémée, qui va élaborer un système ingénieux détaillant la manière dont les astres bougent en cercle autour de notre planète immobile.

La christianisation de l'Empire romain entraîne un recul des connaissances : certains Pères de l'Église prêchent même que la Terre est plate. D'ailleurs, ils ne négligent pas seulement la science grecque mais aussi la langue dans laquelle elle est écrite. Heureusement, les manuscrits grecs qui avaient trouvé refuge en Orient réapparaissent (traduits en arabe et commentés par des savants musulmans et juifs) dans le monde chrétien au XIIe siècle par l'intermédiaire notamment de la civilisation arabo-musulmane d'Espagne. Les chrétiens recommencent donc à envisager la rotondité de la Terre, suscitant plus tard les grands voyages maritimes qui conduiront à la découverte des Amériques.

Il aura fallu attendre Copernic au milieu du XVIe siècle pour voir apparaître un système héliocentrique délogeant la Terre du centre du monde. Mais peu de savants s'y intéressent dans une Europe embourbée dans les guerres religieuses depuis la rébellion de Luther. Vers la fin du XVIe siècle, l'Église prend conscience que le copernicanisme sape certains fondements de son enseignement. Un grand conflit surgit alors avec Giordano Bruno, brûlé vif à Rome en 1600 pour avoir proféré entre autres l'infinité de l'Univers et la pluralité des mondes habités. En 1616, l'Église condamne formellement l'héliocentrisme comme doctrine hérétique et exige que Galilée cesse de l'enseigner ; en 1633, elle condamnera ce savant à finir ses jours en résidence surveillée pour avoir exposé dans le *Dialogue sur les deux plus grands systèmes du monde* que la Terre tourne autour du Soleil, et non pas l'inverse.

On doit à Galilée plusieurs découvertes astronomiques révolutionnaires, ainsi que la formulation de la loi de la chute des corps. En outre, il est l'un des rares savants rationnels au début du XVIIe siècle. La plupart des autres, y compris le génial Kepler qui nous a donné les lois régissant les déplacements planétaires, utilisent souvent des considérations irrationnelles pour interpréter les événements.

À l'instar de Galilée, Descartes s'oppose également à l'antique mentalité et élabore un système où chaque phénomène s'explique par une cause mécanique. Pour lui, par exemple, le mouvement des planètes ne résulte pas d'une action à distance du Soleil. Au contraire, elles bougent parce que l'espace est plein d'une substance dénommée « étendue » qui tourbillonne. Les planètes sont emportées par ces tourbillons comme des bouchons de liège sur le courant d'une rivière. Par leur détermination, les cartésiens parviennent non seulement à réduire l'irrationnel en France mais aussi à contrôler la prestigieuse Académie royale des sciences (créée en 1666).

Newton révolutionne en 1687 aussi bien la physique que la vision du monde à son époque en synthétisant les lois terrestres de Galilée et les lois célestes de Kepler. Malgré cette extraordinaire réussite, sa science est rejetée aussi bien par les cartésiens que par Leibniz car elle se fonde sur une force d'attraction à distance qui paraît bien peu rationnelle. Voici le premier sujet de controverse scientifique, qui se soldera au XVIIIe siècle par la victoire de Newton.

Chapitre 1

Ascension de la physique de Newton

« La Nature et ses lois demeuraient cachées dans l'obscurité ;
Dieu dit : 'Que Newton soit !' et tout fut lumière. »[4]

Débat sur la stabilité du monde

Rôle de Dieu : Leibniz

« Sir Isaac Newton est mort ! » Cette annonce se propage comme une traînée de poudre en mars 1727 en Angleterre.

Alors que les gazettes londoniennes ne tarissent pas d'éloges sur le défunt, les lords défilent devant son corps exposé à l'abbaye de Westminster. Perdu dans la foule, Voltaire s'émerveille de cet hommage rendu à un savant : l'Angleterre lui semble être une nation de liberté. La France, pays le plus peuplé d'Europe, vit sous la censure, et beaucoup d'ouvrages doivent être édités à l'étranger. En écrivant les *Lettres Anglaises* (1734), il prend fait et cause pour Newton, devenant avec Maupertuis un jalon important de la diffusion de la physique newtonienne. En effet, Voltaire la vulgarise dans les salons, pendant que Maupertuis se charge de la faire adopter par la récalcitrante Académie des sciences française. Il fallait beaucoup de courage à ces deux hommes pour défendre une science venant d'Outre-manche : on décoche de toutes parts sur eux les flèches patriotiques.

Il n'est pas inutile de revenir sur la controverse.

En 1687, Newton écrit dans les *Principia*[5] que les particules matérielles s'attirent les unes les autres, attraction qui se propage dans le vide, en l'absence donc de support

4. Alexander Pope (1688-1744). « Nature and nature's laws lay hid in night ; God said 'Let Newton be !' and all was light. »
5. Cette abréviation vient de *Philosophiae Naturalis Principia Mathematica*. La première traduction française de cette œuvre, les *Principes Mathématiques de la Philosophie Naturelle* (1756), fut réalisée par Madame Émilie du Châtelet avec le concours du mathématicien Alexis-Claude Clairaut.

matériel. Derrière le mot « attraction », les cartésiens voient le retour aux discours irrationnels qui semblaient à jamais disparus, et accueillent les idées de Newton avec suspicion. D'ailleurs, le savant lui-même reconnaît dans une correspondance que sa théorie peut troubler :

> « Qu'un corps puisse agir à distance sur un autre dans le vide, écrit Newton, sans que rien n'explique par quel moyen cette force est transmise, est pour moi une absurdité si grande qu'à mon avis, quiconque possède une compétence en matière de philosophie ne pourra jamais y céder. »[6]

Par conséquent, Newton ne conçoit pas le mécanisme de l'attraction sans l'assistance permanente de Dieu dans les affaires planétaires. Autrement, attirés les uns par les autres, les corps célestes, des planètes aux étoiles, finiraient par s'agglutiner. Pour éviter une telle catastrophe cosmique, dit-il, Dieu doit contrebalancer la gravitation et maintenir les astres à leur place. Leibniz qui a plus d'un compte à régler avec Newton exploite ce point faible.

Leibniz

Leibniz

Né à Leipzig en 1646, Gottfried Wilhelm Leibniz n'a guère que seize ans lorsqu'il présente sa première thèse universitaire. En 1675, il offre ses services à l'Académie royale des sciences française, mais Colbert rejette sa candidature sous prétexte

6. Lettre de Newton à Bentley (25 février 1693). *Correspondence of Isaac Newton*, vol. 3, Edition H. W. Turnbull, Cambridge, 1959-1977.

qu'il y a déjà beaucoup d'étrangers, à savoir le Hollandais Christian Huygens, l'Italien Jean-Dominique Cassini et le Danois Olaus Römer. Toutefois, d'après une confidence de Fontenelle, on l'aurait accepté s'il avait été catholique. N'oublions pas que, dix ans après ce refus, en 1685, Louis XIV révoquera l'Édit de Nantes.
Leibniz publie en 1684 une méthode de « calcul différentiel », trois ans avant que Newton ne fasse paraître la sienne, dite des « fluxions ». Pourtant, ce dernier n'hésitera pas à accuser injustement Leibniz de plagiat. Dans son combat pour l'honneur, Leibniz commet l'erreur de demander le jugement impartial de la... Royal Society ! Mais celle-ci se range derrière Newton (alors son président), lui causant donc un préjudice irréparable.
Leibniz s'éteint tristement en 1716 : on l'enterre sans cérémonie religieuse et on le dédaigne, y compris à l'Académie des sciences de Berlin qu'il avait personnellement créée. Une exception toutefois, Fontenelle prononce son éloge au nom de l'Académie française : « Pareil aux Anciens, dit-il, qui avaient l'adresse de mener jusqu'à huit chevaux attelés de front, Leibniz mena de front toutes les sciences. »

Pour Leibniz, Dieu avait créé le meilleur des mondes possibles, capable de se gouverner tout seul, et n'avait guère besoin de se mêler du fonctionnement de la nature. « Dieu a tout prévu, dit-il, il a remédié à tout par avance. Il y a dans ses ouvrages une harmonie, une beauté préétablies. » Leibniz déploie donc ses talents pour accuser Newton d'avoir osé imaginer un Dieu incompétent :

> « Sir Isaac Newton et ses sectateurs, écrit-il, ont encore une fort plaisante opinion de l'ouvrage de Dieu. Selon eux, Dieu a besoin de remonter de temps en temps sa montre, autrement elle cesserait d'agir. Il n'a pas eu assez de vue pour en faire un mouvement perpétuel. Cette machine de Dieu est même si imparfaite selon eux qu'il est obligé de la décrasser de temps en temps par un concours extraordinaire, et même de la raccommoder comme un horloger son ouvrage, qui sera d'autant plus mauvais maître qu'il sera obligé plus souvent d'y retoucher et d'y corriger. »

Newton détestant la polémique, la tâche de répondre à Leibniz incombe à son élève et ami Samuel Clarke. Cependant, d'après la princesse de Galles qui sert d'intermédiaire, les lettres de Clarke « ont l'assentiment du chevalier Newton » :

> « L'idée de ceux qui soutiennent que le monde est une grande machine qui se meut sans que Dieu y intervienne, affirme Clarke, comme une horloge continue de se mouvoir sans le recours de l'horloger, cette idée, dis-je, introduit le matérialisme et la fatalité, et sous prétexte de faire de Dieu une *Intelligentia Supramundana*, elle tend effectivement à bannir du monde la Providence et le gouvernement de Dieu (...). Un roi qui n'intervient pas dans son royaume, n'est pas digne d'être roi. »

Ces allégations de Clarke ne peuvent pas laisser indifférent Leibniz qui rétorque :

> « Il vaut mieux dire comme moi que Dieu est l'*Intelligentia Supramundana*, que d'insinuer comme vous qu'il est l'*Intelligentia Mundana*, c'est-à-dire l'âme du monde, ce qui conduit droit au panthéisme. »

Ces arguments, si étranges puissent-ils nous sembler aujourd'hui, sont redoutables à l'époque : Leibniz renforce la barrière séparant Newton des cartésiens, alors que Clarke œuvre pour le rejet de Leibniz par les croyants, ce qu'il réussit partiellement.

Après un échange de cinq lettres, Clarke reçoit en décembre 1716 ce mot lapidaire de Hanovre : « M. Leibniz est mort et la dispute prend fin. » Le rideau tombe alors sur un épisode passionnel de la vie de Newton, et lui permet de savourer la victoire sur un ennemi prestigieux.

Cette querelle avec Leibniz n'est toutefois qu'un petit arbre qui cache une forêt dense. En effet, il se profile à l'horizon une controverse autrement plus rude avec les cartésiens, qui ne deviendra virulente qu'après la mort de Newton.

Querelle avec les cartésiens

La cartésienne Académie royale des sciences française (et plus particulièrement Fontenelle qui en est son Secrétaire perpétuel), rejette l'attraction newtonienne sous prétexte qu'elle peut réveiller les vieux démons de l'irrationalité.

Les cartésiens établissent en effet un parallèle entre Isaac Newton et William Gilbert, un Anglais qui postulait en 1600 l'existence d'une âme dans la matière, âme qui se manifesterait par l'attraction mutuelle entre deux aimants. Pour les cartésiens, l'attraction newtonienne de la matière par la matière relève de la même logique. Même s'ils reconnaissent l'élégance de la mécanique céleste des *Principia*, ils ne songent à aucun compromis avec les newtoniens.

Les cartésiens partagent bien entendu les soucis de Leibniz sur la stabilité du monde et le rôle de Dieu mais n'envisagent nullement de s'engager dans des discussions métaphysiques : ils exigent des preuves expérimentales pour valider la physique newtonienne. Ainsi, les adversaires s'opposent rapidement sur la question connue sous le nom de « querelle sur la figure de la Terre ».

La « figure de la Terre »

Pour comprendre ce problème, on doit revenir à 1672, lorsque Jean Richer constate à Cayenne qu'un pendule bat plus lentement à l'équateur qu'à Paris. Cinq ans après, Halley découvre que son pendule ralentit aussi sur les hauteurs de l'île de Sainte-Hélène, au large de l'Afrique du Sud.

Timbre commémorant le passage de Halley à Sainte-Hélène

En combinant ces expériences, Newton déduit que la forme de la Terre ressemble à une mandarine, aplatie aux pôles et enflée à l'équateur. Il arrive à cette conclusion par des arguments extraordinairement simples : si la durée des oscillations du pendule dépend de la pesanteur, alors celle-ci doit être moindre à l'équateur qu'en Europe. Si, d'autre part, la pesanteur diminue avec la hauteur, alors l'équateur est plus « haut » que les pôles, ce qui donne donc à la Terre une enflure à l'équateur et un aplatissement aux pôles. Non content d'établir ce raisonnement, Newton utilise la loi d'attraction afin de montrer l'aplatissement de la Terre.

Les cartésiens refusent cette conclusion. Sur la foi des mesures géodésiques entachées d'erreurs pour dresser la carte de France (de 1682 à 1718), Jean-Dominique Cassini et son fils prétendent, au contraire, que la Terre est allongée selon l'axe des pôles.

Mieux encore : les cartésiens affirment que cette forme d'ananas prouve la réalité de l'« étendue », matière qui, d'après eux, est censée remplir l'espace. Ainsi, l'étendue aurait allongé la Terre en la comprimant pour la faire tourner. Contrairement à l'attraction newtonienne, ils ne considèrent pas que l'action de l'étendue soit mystérieuse puisqu'elle se manifeste par contact (ou « impulsion »).

Voltaire résume avec brio ce différend dans les *Lettres anglaises*, œuvre dont Maupertuis révise la partie mathématique :

> « À Paris, on voit l'Univers composé de tourbillons de matière subtile ; à Londres on ne voit rien de cela. (...) Chez vos cartésiens tout se fait par une impulsion qu'on ne comprend guère ; chez monsieur Newton, c'est par une attraction dont on ne connaît pas mieux la cause. À Paris, vous vous figurez la Terre comme un melon ; à Londres elle est aplatie des deux côtés. » (Lettre XIV)

De part et d'autre de la Manche, newtoniens et cartésiens se toisent avec hostilité, reproduisant sur le terrain de la science la mésentente de leurs monarchies. En 1732, à Paris, Maupertuis donne l'assaut à la citadelle cartésienne.

Maupertuis

Fils de corsaire devenu homme d'affaires, Pierre Louis Moreau de Maupertuis (1698-1759), académicien depuis 1723, devient newtonien lors d'un voyage en Angleterre, à l'occasion duquel il rencontre Halley. En 1732, il défend Newton dans son *Discours sur les différentes figures des astres*, en demandant pourquoi l'« attraction » serait moins concevable que l'« impulsion ».

D'Alembert évoque cette intervention dans l'*Encyclopédie* (1751) :

> « Maupertuis fut le premier qui ait osé parmi nous se déclarer ouvertement newtonien. Il a cru qu'on pouvait être bon citoyen sans adopter aveuglément la physique de son pays, et, pour attaquer cette physique, il a eu besoin d'un courage dont on lui doit savoir gré. »

La controverse devient si sérieuse que l'Académie des sciences décide de mesurer le méridien à deux endroits géographiques éloignés, pour savoir si la Terre est « melon » ou « aplatie des deux côtés ». Louis Godin part en mission au Pérou (1735) avec Charles de La Condamine, Pierre Bouguer et Joseph Jussieu, alors que Maupertuis se dirige l'année suivante en Laponie avec Pierre-Charles Le Monnier, Charles-Étienne Camus et Alexis-Claude Clairaut. L'équipe intègre Anders Celsius en Suède, son pays d'origine[7].

Maupertuis revient le premier en 1738 avec la nouvelle que la Terre est aplatie aux pôles, ce qui détruit l'argumentation des cartésiens. Ce triomphe de Newton entraîne donc une désertion en masse des savants à l'égard du cartésianisme, même si certains comme Fontenelle continuent à résister : il défendra encore farouchement cette doctrine dans la *Théorie des tourbillons* (1752). Mais c'est une des rares exceptions : après l'exploit de Maupertuis, la justesse de la mécanique de Newton ne suscite plus d'interrogations.

---

7. On trouvera le récit de la querelle sur la « figure de la Terre » et la description des expéditions au Pérou et en Laponie (avec les incroyables aventures vécues par les savants) dans Arkan Simaan, *La science au péril de sa vie – Les aventuriers de la mesure du monde* (voir bibliographie).

Maupertuis, habillé en lapon, aplatit la Terre

Accélération séculaire de la Lune

Les problèmes des newtoniens ne sont cependant pas finis. La question de la stabilité du système solaire, la même qui avait opposé Newton à Leibniz, va reparaître sous un angle différent, celui des anomalies dans les orbites de Jupiter, de Saturne et de la Lune. Pourtant, l'un des premiers à constater ces désordres avait été le plus newtonien des savants, Halley.

En 1693, Halley avait remarqué en effet l'accélération séculaire de la Lune en lisant l'astronome arabe Al Battani (858-929) qui signalait plusieurs éclipses lunaires et solaires aux IXe et Xe siècles. Après de laborieux calculs, Halley découvrit que notre satellite n'était pas à l'heure prévue lors des observations de l'astronome arabe. La Lune accélère-t-elle depuis l'Antiquité, se demandait-il ? Impossible de répondre à partir de ces seules données.

En 1749, l'affaire rebondit : l'Écossais Richard Dunthorne confirme l'hypothèse de Halley en étudiant de nombreuses autres éclipses. Il indique même la valeur de cette accélération : 10 secondes d'arc par siècle au carré[8]. Or, affirmer que la Lune accélère revient à dire qu'elle peut quitter son orbite et – pourquoi pas ? – se précipiter un jour sur la Terre. D'où vient cette anomalie ? De notre satellite ? En réalité, elle pourrait tout aussi bien n'être qu'une apparence résultant d'un ralentissement de la rotation de la Terre. Le seul moyen de le savoir consiste à calculer précisément les mouvements en question, ce qui est difficile.

Newton lui-même reconnaissait que l'application de sa théorie au système solaire posait problème : autant celle-ci est aisée pour étudier deux corps isolés, autant elle devient inextricable en présence d'un troisième. La Lune, par exemple, subit à la fois l'attraction de la Terre et du Soleil : sa trajectoire autour de notre planète ne peut donc être simple, même si l'on suppose l'immobilité de la Terre par rapport au Soleil. Or, non seulement nous bougeons, mais la translation de notre planète est influencée par la Lune. L'application rigoureuse de la mécanique newtonienne se révèle donc si compliquée que les académies européennes vont organiser des concours portant tantôt sur la théorie de la Lune, tantôt sur la rotation de la Terre, et étendront aussi les études aux irrégularités des mouvements de Jupiter et Saturne. Il a fallu attendre Laplace, à la fin du siècle, pour clore le débat sur la stabilité du système solaire (voir pp. 50-52).

Les débats et l'Église

Quelle est la position des ecclésiastiques à propos de la « figure de la Terre » ? On a en effet constaté l'absence du clergé aux controverses, ce qui contraste nettement avec leur attitude habituelle, notamment à l'époque de Galilée.

Remarquons tout d'abord que le débat sur l'aplatissement de la Terre ne concerne pas directement la religion. Signalons aussi que l'influence politique du clergé sur les affaires scientifiques s'est amoindrie après la fondation par Louis XIV de l'Académie royale des sciences (1666), qui créait en France un centre scientifique protégé par l'État. Depuis cette date les astronomes dressent la carte du royaume et améliorent les techniques de navigation, tâches indispensables pour contrôler les mers, donc les colonies. De plus, cette discussion si technique sur la « figure de la Terre » dépasse à l'époque la compréhension de la majorité des ecclésiastiques, ainsi que du public érudit, d'ailleurs : l'enseignement au début du siècle des Lumières prépare davantage les âmes pour le paradis qu'il ne forme l'esprit scientifique. D'Alembert le décrit ainsi (article « Collèges », *Encyclopédie*) :

8. L'analyse de Dunthorne se trouve dans *Philosophical Transactions of the Royal Society*, année 1750, volume 46, pp. 162-172 : « A Letter from Rev. M. Richard Dunthorne (...) concerning the Acceleration of the Moon » (disponible en ligne sur gallica, voir bibliographie).

« Avant et après avoir démontré l'existence de Dieu (dans les collèges...), on bâtit à sa mode un système du monde ; on y explique tout ou presque tout, on y suit ou on y réfute à tort et à travers Aristote, Descartes et Newton. »

Et le savant dresse ce tableau peu reluisant :

« Sous prétexte que Jésus-Christ a dit qu'il faut toujours prier, quelques maîtres, et surtout ceux qui font dans certains principes de rigorisme, voudraient que presque tout le temps destiné à l'étude se passât en méditation et en catéchisme ; (...) aussi, les disciples qui, soit par tempérament, soit par paresse, soit par docilité, se conforment sur ce point aux idées de leurs maîtres, sortent pour l'ordinaire du collège avec un degré d'imbécillité et d'ignorance de plus. »

Dans ce jugement sévère, d'Alembert passe sous silence les établissements, à vrai dire peu nombreux, qui assurent une instruction scientifique convenable pour l'époque. Certes, ce n'est pas dans les séminaires pour le bas clergé qu'on la trouve. D'après A. Degert[9], on y recommande même aux novices de ne pas faire les esprits forts en science pour éviter la contradiction, et le niveau scientifique des clercs ne dépasse pas les connaissances élémentaires de nos collégiens. De cette étude, l'historien Georges Minois tire cette conclusion :

« Au XVIIIe siècle l'épiscopat cherche délibérément à limiter les intérêts du bas clergé aux questions de pure piété, basées sur les manuels du séminaire. L'Église exige une milice pieuse, disciplinée et uniformisée, dont le seul but est de conduire au ciel le troupeau dont elle est chargée. Il en résulte une coupure de plus en plus nette entre les clercs et la culture de leur époque. »[10]

Or, le manque de compétence ne se traduit pas nécessairement par l'absence d'écrits. En 1732, par exemple, l'abbé Antoine Pluche publie le *Spectacle de la nature*, où il traite pêle-mêle des sujets religieux, mythologiques et scientifiques. Sans caricaturer cette œuvre qui contient plusieurs paragraphes intéressants, notons que l'abbé ne déroge pas à la règle chrétienne d'attribuer les malheurs de l'humanité au péché originel. Ainsi, il explique que Dieu avait créé l'axe de la Terre en position droite pour que les hommes puissent jouir d'un printemps éternel, mais qu'il l'aurait incliné en raison de la faute d'Adam !

Dans cet ouvrage, prisé au siècle des Lumières par la majorité des bibliothèques (et qui a été réédité jusqu'en 1875), Pluche réfute l'attraction newtonienne à partir d'une remarque de bon sens : si l'attraction existait, dit-il, un homme dans une encoignure de l'Église Notre-Dame serait attiré et collé à la muraille !

---

9. A. Degert, *Histoire des séminaires français jusqu'à la Révolution* (2 vol., Paris, 1912).
10. Georges Minois, *L'Église et la science – Histoire d'un malentendu*, Fayard, 1991, vol. II, p.156.

Voltaire et Rousseau

(1868, Gravure de Rambert et Guillaume d'après le dessin de M.H. de la Charlerie. Extrait d'*Histoire de la Révolution Française* par Louis Blanc)

Ces perles sont propres à exciter l'humour méchant de Voltaire, surtout lorsque l'abbé se hasarde à justifier d'une manière très originale l'aplatissement de la Terre aux pôles. Écoutons Voltaire :

> « Vient un Pluche qui vous dit froidement que les terres ne doivent être plus hautes vers l'équateur qu'afin que 'les vapeurs s'élèvent plus dans l'air, et que les nègres de l'Afrique ne soient pas brûlés de l'ardeur du soleil'.
>
> Voilà, je l'avoue, une plaisante raison. Il s'agissait alors de savoir si, par les lois mathématiques, le grand cercle de l'équateur terrestre surpasse le cercle du méridien d'un cent soixante et dix-huitième ; et on veut nous persuader que si la chose est ainsi, ce n'est point en vertu de la théorie des forces centrales, mais uniquement pour que les nègres aient environ cent soixante-dix-huit gouttes de vapeur sur leurs têtes, tandis que les habitants du Spitzberg n'en auront que cent soixante-dix-sept.
>
> Le même Pluche, continuant ses railleries de collège, dit ces propres paroles : 'Si l'attraction a pu élargir l'équateur... qui empêchera de demander si ce n'est pas l'attraction qui a mis en saillie le devant du globe de l'œil, et qui a élancé au milieu du visage de l'homme ce morceau de cartilage qu'on appelle le nez ?' »[11]

11. Voltaire, *Dictionnaire Philosophique*, article sur Francis Bacon.

Les jésuites

Que fait en matière de science la Compagnie de Jésus qui compte dans ses rangs les chrétiens les plus cultivés ?

Les jésuites, occupés par l'affaire janséniste, négligent le débat sur la « figure de la Terre », même si, ici et là, un père comme Louis-Bertrand Castel (1688-1767) adopte l'argumentation cartésienne dans le *Traité de physique sur la pesanteur universelle des corps* (1724) pour réfuter Newton.

Le jansénisme

Le jansénisme soutient que seule la « grâce », accordée par Dieu uniquement à quelques élus, conduit au paradis. Les jésuites combattent cette théorie au nom du « libre arbitre », selon lequel Dieu octroie la grâce à tous les hommes, à eux de la rendre efficace ensuite.

Prenant parti pour les jésuites, Louis XIV rase en 1709 l'abbaye janséniste de Port-Royal et exige une nette condamnation papale de cette doctrine ; c'est la bulle *Unigenitus* (1713). Les Jansénistes basculent donc dans l'opposition à l'absolutisme monarchique. En dépit des lettres de cachet, le mouvement se développe. Le cardinal Fleury, ministre d'État, transforme donc la bulle en loi (1730). Mais l'affaire rebondit en 1732 au cimetière Saint-Médard autour de la tombe d'un diacre janséniste : une foule hystérique s'y flagelle, subit des convulsions collectives, etc. La fermeture du cimetière entame le déclin du mouvement. Cette descente s'accentuera après 1764, date de la suppression en France de la Compagnie de Jésus : les jansénistes perdent alors une partie de leur raison d'être, l'opposition aux jésuites.

Les jésuites sont cependant trop intelligents pour s'engager dans une telle querelle. À moins d'adopter des positions risibles comme l'abbé Pluche, ils savent pertinemment qu'il s'agit d'une discussion interne aux coperniciens. Or, il leur est interdit d'y prendre part car l'ordonnance du Saint-Office, édictée en 1633 à la suite du procès de Galilée, taxe l'héliocentrisme d'hérétique. De plus, l'anathème jeté sur la nouvelle science s'aggrave avec la mise à l'index de Descartes pour matérialisme en1663.

De toute façon, l'atmosphère régnant dans la Compagnie de Jésus ne favorise guère l'émergence de l'esprit scientifique, comme le montre l'histoire d'André[12].

12. Les éléments les plus importants de cette biographie viennent de John L. Heilbron, *Astronomie et églises*, Belin, *Pour La Science*, 2003, pp. 226-227.

André

Aussitôt ordonné en 1693, Yves Marie André (1675-1764), convaincu de jansénisme, est éloigné de Paris. En Province, il convertit un novice au cartésianisme : ce dernier, cohérent avec ses nouvelles positions, abandonne l'Ordre jésuite. Puni en raison de cela par une affectation à Amiens, André y rédige la thèse : « Nous défendons le système copernicien à titre d'hypothèse ingénieuse, si non vraie ('si non vera'). » Ses supérieurs exigent qu'il dise plutôt « *et si non vera* » (« quoique non vraie »). André s'oppose et est muté d'office à Rouen, où il subit une fouille minutieuse qui révèle sa correspondance secrète avec Nicolas Malebranche (1638-1715), cartésien mis à l'index. Pire encore, André avait même écrit qu'« on peut rendre la physique de Descartes parfaite en y faisant très peu de changements ». La Compagnie de Jésus l'expédie donc aussitôt vers Alençon, où son arrivée coïncide avec la parution de la bulle *Unigenitus* (1713). Ses supérieurs profitent de l'aubaine et le somment de l'accepter, ce qu'il refuse : il se retrouve donc à Arras, lieu réputé pour sa sévérité, où il rédige une biographie de Malebranche. Exaspérés, les jésuites lui offrent un séjour dans les cachots de la Bastille. Dans ces lieux humides propices à l'introspection, André qui réfléchit sur le péché d'orgueil, réalise combien l'obstination est vaine, et découvre aussi combien l'idée du mouvement de la Terre est futile. La Compagnie de Jésus réintègre donc sa brebis égarée à Caen, où il enseignera pendant trente-neuf ans que le système de Copernic est une simple hypothèse. Parmi ses élèves, figurera un certain Pierre Simon Laplace.

Heureusement, la sévère censure jésuite épargne la population civile, si l'on en croit l'*Encyclopédie* :

> « En France, on soutient le système de Copernic sans aucune crainte, et l'on est persuadé (...), que ce système n'est point contraire à la foi, quoique Josué ait dit, *stat sol*[13] ; c'est ainsi qu'on répond d'une manière solide et satisfaisante à toutes les difficultés des incrédules sur certains endroits de l'Écriture, où ils prétendent sans raison trouver les erreurs physiques ou astronomiques grossières. » (*Encyclopédie*, article « Copernic »)

13. *Stat sol* est une allusion à ce passage biblique : « Josué dit en présence d'Israël : 'Soleil, arrête-toi sur Gabaôn, et toi, Lune, sur la vallée d'Ayyalôn !' Et le Soleil s'arrêta, et la Lune se tint immobile jusqu'à ce que le peuple se soit vengé de ses ennemis. » (Josué 10 : 12 et 13). Ce texte qui « prouve » la mobilité du Soleil (et donc l'immobilité de la Terre) était régulièrement invoqué contre les partisans de l'héliocentrisme, notamment contre Galilée.

Telle n'est cependant pas l'ambiance dans la plupart des pays européens. En Italie, par exemple, l'affaire Galilée reste sensible. En 1734, un siècle après le jugement du savant, quelques personnalités de Florence souhaitent lui ériger un monument funéraire. L'Église répond qu'elle veut connaître d'abord « l'inscription que l'on entend y placer ». Même rejet du savant en Suisse, terre protestante, où Mallet du Pan qualifie Galilée de « faux catholique » et traître à son église.

Premier changement dans l'Église

Après la découverte de l'aberration des étoiles par Bradley (1728), phénomène interprété alors comme une preuve du mouvement de la Terre autour du Soleil, le refus de la science moderne devient pesant pour certains hauts prélats.

En 1744, Benoît XIV (pape de 1740 à 1758), surnommé le pape des savants, libère l'édition du *Dialogue* de Galilée. L'œuvre est intacte, hormis treize commentaires et le remaniement de quarante phrases où l'on appose « supposé » devant « mouvement de la Terre ». On y avertit qu'on doit considérer ce mouvement comme hypothèse.

En 1758, le même souverain pontife, sans abroger l'ordonnance de 1633, autorise d'autres publications héliocentriques, en laissant toutefois Galilée à l'Index. Pourquoi ? Joseph-Jérôme Lalande a entendu le cardinal inquisiteur dire en 1765 que Benoît XIV n'avait pas pu faire autrement en raison de la fameuse ordonnance, et qu'il était mort sans avoir eu le temps de l'annuler. Il faut cependant nuancer cette information. Rien n'assure que la Curie aurait accepté de casser ce jugement. En effet, peu avant la mort de Benoît XIV, la tendance penchait plutôt au dogmatisme, en réaction au développement de l'incroyance parmi les savants français.

Les savants et l'incroyance

> « La pensée qu'il n'y a point de Dieu n'a jamais effrayé personne. »
>
> Diderot

Ce que l'Église pointe comme incroyance n'est nullement de l'athéisme. À l'exception de Diderot, dont l'esprit appartient au siècle suivant, peu de savants sont athées au siècle des Lumières. Ils sont le plus souvent, comme Voltaire et Rousseau, des déistes, c'est-à-dire des « hommes qui n'avaient pas encore eu le temps de devenir athées », d'après un reproche que leur adresse un ennemi farouche des philosophes des Lumières, Louis de Bonald (1735-1840).

La plaque tournante de l'incroyance se localise aux environs de 1750, avec notamment la parution à Genève de l'*Esprit des lois* (1748) de Montesquieu, de l'*Histoire naturelle* de Buffon (1749), de l'*Encyclopédie* (1751) et de *La Lettre sur les aveugles à l'usage de ceux qui voient* (1749) de Diderot. Matérialiste, ce dernier ouvrage vaut à son auteur un séjour dans les cachots de Vincennes. Après environ quatre mois d'incarcération, on libère Diderot. Il ne s'agit point d'une reconnaissance de son droit à l'expression, mais plutôt du résultat de la pression exercée par les libraires qui avaient investi des fortunes dans l'Encyclopédie.

Dirigée par Diderot et d'Alembert, l'*Encyclopédie*, le plus grand succès de librairie du siècle des Lumières, rencontre dans le public éclairé un vif engouement et réussit l'exploit de réconcilier ponctuellement jansénistes et jésuites dans leur dénonciation de l'« athéisme ». Condillac, Montesquieu, Voltaire, Diderot, d'Alembert et bien d'autres y croisent le fer contre les préjugés sur les fronts de la politique, de la morale, de la religion et de la science. L'anticonformisme de ces hommes en fait une puissance rebelle que le pouvoir ne peut ignorer, et le conflit avec la couronne, l'Église et le Parlement devient inévitable.

La partie scientifique de l'*Encyclopédie* doit beaucoup à l'un des mathématiciens les plus brillants du siècle, d'Alembert, qui apporte à la physique de Newton un rationalisme au sens moderne du terme.

D'Alembert

D'Alembert

Abandonné à sa naissance sur le parvis de l'église Saint-Jean-le-Rond (d'où son nom), Jean Le Rond d'Alembert (1717-1783) est le fils naturel du chevalier Destouches et de la marquise de Tencin, célèbre pour son esprit et sa beauté, qui tient un salon parisien à la mode. D'Alembert entre à douze ans dans un collège janséniste : ses propos théologiques y suscitent l'admiration de ses maîtres qui songent à un nouveau Pascal pour leur cause. Cependant, aussitôt que d'Alembert apprend quelques rudiments de mathématiques, il saisit où se trouve sa passion. Il essaye toutefois de s'en détourner en étudiant le droit, activité plus rémunératrice. Mais il revient, malgré les difficultés, rapidement aux mathématiques :

> « Sans maître, dit d'Alembert, presque sans livres, et sans même avoir un ami qu'il pût consulter dans les difficultés qui l'arrêtaient, il allait aux bibliothèques publiques ; il tirait quelques lumières générales des lectures rapides qu'il y faisait, et, de retour chez lui, il cherchait tout seul les démonstrations et les solutions ; il y réussissait pour l'ordinaire ; il trouvait même souvent des propositions importantes qu'il croyait nouvelles, et il avait ensuite une espèce de chagrin, mêlé pourtant de satisfaction, lorsqu'il les retrouvait dans les livres qu'il n'avait pas connus. »[14]

D'Alembert intègre à vingt-quatre ans l'Académie royale des sciences, publie en 1743 un *Traité de dynamique* et gagne trois ans plus tard le concours de l'Académie de Berlin sur les « Réflexions sur la cause générale des vents ». Il rédige aussi le *Discours Préliminaire de l'Encyclopédie*, vibrant plaidoyer pour la liberté d'expression et le progrès scientifique, qui le transforme en l'un des symboles du siècle des Lumières. Ce texte mûrement réfléchi pave sa route vers l'Académie française (1754), dont il deviendra le Secrétaire perpétuel. D'autre part, il produit des textes polémiques, dont l'article Genève, qui provoque beaucoup de remous. Il s'éloigne en tout cas de l'*Encyclopédie*, peu avant que Louis XV ne l'interdise en 1759.

Le développement de l'astronomie étant lié à celui des mathématiques, l'œuvre de d'Alembert est fondamentale : sans elle, on ne peut pas comprendre la future synthèse de Laplace (voir pp. 47-52). Nous aurons le temps de revenir sur le travail de d'Alembert. Il faut maintenant aborder une œuvre contemporaine de l'*Encyclopédie*, l'*Histoire naturelle*, où Buffon expose une cosmogonie[15], c'est-à-dire une théorie sur la formation du monde, sujet encore plus sensible pour l'Église que le mouvement de la Terre, thème évoqué auparavant notamment par Copernic et Galilée.

14. Cité par Michaud, *Biographie Universelle Ancienne et Moderne* (voir bibliographie), article d'Alembert.
15. Cosmogonie et cosmologie sont deux notions voisines. La cosmogonie est une théorie scientifique (ou mythique) qui décrit la formation de l'Univers, ou l'une de ses parties comme le système solaire ou la Terre. La cosmologie s'intéresse aux lois qui régissent le fonctionnement de l'Univers considéré comme un tout.

Apparition des cosmogonies newtoniennes

Une cosmogonie scientifique doit obligatoirement expliquer pourquoi les planètes, sans exception, tournent dans le même sens autour de notre astre, leurs plans orbitaux pratiquement confondus avec le plan équatorial du Soleil[16]. Ceci indique qu'elles ont une genèse commune : en effet, si elles avaient été formées indépendamment les unes des autres, en différents endroits du ciel, nous observerions une distribution aléatoire de leurs orbites.

Malgré le grand nombre de cosmogonies historiquement proposées, on arrive cependant à les classer en deux groupes, celui des hypothèses nébulaires et celui des hypothèses catastrophistes, qui se distinguent d'abord par l'instant supposé de la formation du Soleil. Les modèles nébulaires imaginent que notre astre surgit en même temps que le système solaire, alors que les catastrophistes supposent qu'il préexiste aux planètes. Attention : le mot « catastrophe » recouvre ici des phénomènes aussi distincts que la chute d'une comète sur le Soleil et l'approche d'une autre étoile. Buffon évoque le premier une cosmogonie catastrophiste.

Une cosmogonie catastrophiste : Buffon

Buffon

La vie de Jean-Louis Leclerc (1707-1788), comte de Buffon, est bouleversée par sa rencontre en 1730 avec le duc de Kingston.

Son père, conseiller au Parlement de Dijon, l'autorise à accompagner ce jeune Anglais dans ses errances. Au cours du voyage, Buffon écoute les leçons du précepteur du duc, et, selon Condorcet, il apprend « à voir la nature avec transport comme avec réflexion ». Ce périple se poursuit outre-Manche où Buffon traduit deux livres, dont la *Méthode des fluxions* de Newton (édité en France en 1740). Son intérêt bascule vers l'histoire naturelle à la mort de sa mère qui fait de lui un propriétaire terrien à Montbard : il se met alors à étudier l'effet du bois de chêne sur le tannage, la croissance des arbres, etc., bref tout ce qui peut améliorer la rentabilité du domaine. Buffon s'amuse aussi en allumant un feu à distance afin de vérifier la légende selon laquelle Archimède aurait brûlé des vaisseaux avec des miroirs ardents.

16. À l'exception de Mercure, dont le plan de l'orbite est incliné de 7° par rapport à l'écliptique et de Pluton (inclinaison 17°), les plans des autres planètes sont inclinés à moins de 3°23'.

Jean-Louis Leclerc, comte de Buffon

Admis à l'Académie des sciences dans la classe de mécanique (1733), il passe ensuite à celle de botanique en 1739, l'année même de sa nomination à l'intendance du Jardin du Roi, actuel Jardin des Plantes. Afin d'écrire les 36 volumes de l'*Histoire naturelle* sans négliger ses obligations, il se lève à cinq heures du matin. Pour lui, « le style, c'est l'homme », ce qui le conduit, le jour de son admission à l'Académie française (1664), à lire un *Discours sur le style* vivement applaudi, pratique contraire aux usages de cette assemblée.

En 1749, paraissent les trois premiers volumes de l'*Histoire naturelle* parmi lesquels la *Théorie de la Terre*, où Buffon émet l'hypothèse que les planètes (y compris la nôtre) résulteraient de la chute d'une comète sur le Soleil, collision qui aurait projeté de la matière en fusion dans l'espace. En se fractionnant, en se refroidissant et en se condensant, ces particules matérielles auraient donné naissance aux six planètes connues alors[17]. Le scénario de Buffon implique donc que les planètes, issues simultanément du même moule, ont le même âge et sont constituées des mêmes éléments.

17. L'existence d'Uranus ne sera connue que trente-deux ans plus tard (voir p. 44). Pour Neptune il faudra attendre un siècle, et pour Pluton deux siècles (voir pp. 52-53).

Cette théorie est contestée rapidement par le grand mathématicien suisse, Leonhard Euler (1707-1783) : « Cette matière aurait dû retomber sur le Soleil au terme de sa première révolution », dit-il[18]. Cependant, la plus grande objection à ce modèle viendra plus tard lorsqu'on découvrira la vraie nature des comètes. Constituées de glace et de matière légère, elles ne seraient jamais parvenues à arracher la formidable quantité de substance contenue dans notre système planétaire.

C'est pourquoi les hypothèses catastrophistes seront adaptées au XXe siècle, notamment par Sir James Jeans (1877-1946) et Alexandre Dauvillier (1892-1979). Ils remplaceront la chute d'une comète par l'approche d'une étoile. En effet, la proximité d'une étoile peut induire une marée sur le Soleil semblable à celle de la Lune sur nos mers, avec la différence qu'une étoile possède une masse de milliards de milliards de fois supérieure à celle de la Lune. L'extraordinaire marée qui en résulterait serait donc susceptible d'arracher une gigantesque quantité de matière, en d'autres termes, de provoquer une « catastrophe », on dit aussi « collision », bien que ce phénomène ne ressemble nullement au choc de deux boules de billard.

Même modernisée, cette idée ne convainc pas davantage la communauté scientifique. En raison de la faible densité d'étoiles dans l'Univers, la probabilité d'une telle approche est si faible que notre système planétaire deviendrait alors une extraordinaire exception : la découverte de planètes extrasolaires a certainement sonné le glas des cosmogonies catastrophistes.

Mais ce ne sont pas les raisons scientifiques qui poussent la faculté de théologie de Paris, en janvier 1751, à censurer la *Théorie de la Terre*, taxée de « non conforme à la religion ». Elle exige donc la rectification de quatorze propositions « contraires à la croyance de l'Église », dont celles-ci : avoir affirmé que la Terre et les planètes ont été arrachées au Soleil par une comète ; que le relief de la Terre est dû à l'action de la mer ; que le Soleil s'éteindra un jour faute de matière combustible et que la Terre, au sortir du Soleil, était brûlante et dans un état de liquéfaction. Après deux mois d'hésitation, Buffon déclare (15 mars) enfin :

> « Je n'ai eu aucune intention de contredire le texte de l'Écriture ; je crois très fermement tout ce qui y est rapporté sur la création (...) j'abandonne ce qui, dans mon livre, regarde la formation de la Terre, et en général tout ce qui pourrait être contraire à la narration de Moïse, n'ayant présenté mon hypothèse sur la formation des planètes que comme une pure supposition philosophique. »[19]

---

18. Jacques Roger, *Les manuscrits des époques de la nature*, Mémoires du Muséum, série C, tome X, 1962.
19. Cité par Gabriel Gohau dans son introduction à Buffon, *Des époques de la nature*, Éditions rationalistes, 1971, p. XX.

Buffon est-il sincère ? On peut en douter, d'après ses aveux à Hérault de Séchelles :

> « Quand la Sorbonne m'a fait des chicanes, je n'ai fait aucune difficulté de lui donner toutes les satisfactions qu'elle a pu désirer : ce n'est qu'un persiflage ; mais les hommes sont assez sots pour s'en contenter. »[20]

Voyons maintenant un exemple de théorie nébulaire qui explique que le Soleil et les planètes se sont formés en même temps. Elle vient de Kant, philosophe qui se donne la tâche d'introduire la méthode newtonienne en philosophie.

Cosmogonie nébulaire : Kant

La tentative kantienne d'enrichir la philosophie avec la méthode de Newton est loin d'être isolée.

Nombre de savants du siècle des Lumières partagent ce souci, certains ayant même devancé Kant, comme David Hume, Anglais écarté par les religieux de l'enseignement aux universités de Glasgow (1744) et d'Édimbourg (1752). Il déclare sans détour : l'incomparable Newton a fait émerger la science de la matière, à nous de faire la même chose pour l'intelligence.

En avouant que Hume l'avait arraché à son « sommeil dogmatique », Kant s'interroge sur l'échec de la métaphysique. Dans son ouvrage le plus célèbre, la *Critique de la raison pure* (1782), il se demande pourquoi la métaphysique, après des millénaires d'existence, n'avait pas réussi à forger la moindre certitude, alors qu'une science récente, la mécanique de Newton, avait, en quelques décennies, produit des vérités que personne ne contestait. Le rôle des philosophes ne devrait-il pas consister justement à examiner les raisons de cette réussite, à les identifier pour s'en inspirer ?

Kant

Emmanuel Kant (1724-1804) naît à Königsberg d'un père sellier et d'une mère profondément dévote et adepte du piétisme[21]. Elle confie son fils en 1732 au Collegium Friedericianum, où il subit le prolongement de l'austère éducation maternelle, ce qui laisse une trace indélébile dans sa personnalité.

Le comportement de Kant l'a certainement condamné au célibat. Maniaque et sédentaire, il ne s'est jamais éloigné de sa province, a déménagé une fois pour

20. Cité par Gabriel Gohau, *op. cit.*, p. XXI.
21. Fondé par Philipp Jakob Spener (1635-1705), le piétisme valorise la méditation individuelle des Écritures, prêche la piété personnelle et met l'accent sur un mysticisme indifférent au monde. Il connut un vif succès en Alsace et en Allemagne au début du XVIIIe siècle.

Emmanuel Kant

échapper à un coq qui troublait son sommeil et a ponctué si régulièrement ses promenades que des ménagères l'utilisaient comme horloge : elles se mettaient à préparer la soupe lorsqu'elles le voyaient passer devant leur fenêtre. Alors qu'il avait brisé cette règle une fois, ses amis inquiets accoururent chez lui et le trouvèrent en train de lire des gazettes qui annonçaient l'éclosion de la Révolution française. D'autres disent qu'il était plutôt plongé dans l'*Émile* de Jean-Jacques Rousseau, philosophe qui a exercé sur lui une influence comparable seulement à celle de David Hume.

L'entrée de Kant à l'université coïncide en 1740 avec le couronnement de Frédéric II et la réhabilitation de Christian Wolff (1679-1754), partisan de Leibniz, puni en 1723 pour avoir osé comparer Confucius au Christ. Cependant, le retour en grâce de ce rationaliste leibnizien n'affectait nullement le programme universitaire : l'ombre du professeur Wolff, malgré son éloignement physique, pesait toujours sur l'enseignement de la philosophie allemande ; en effet, c'est lui qui avait forgé le vocabulaire de la discipline et écrit les manuels toujours en usage. En raison de ses nombreuses innovations, ces écrits étaient si ardus que Wolff a été qualifié de « savantissime et pédantissime Wolffius »[22].

La deuxième innovation importante pendant les études universitaires de Kant est l'adhésion massive des savants européens à la physique de Newton, après la défaite

22. Lettre du marquis d'Argens à Frédéric II le 15 août 1747, *Œuvres de Frédéric II*, édition Preuss, 1854, t. 19, p. 19, cité par Élisabeth Badinter, *Les passions intellectuelles, désirs de gloire*, t. I, Fayard, 1999, p. 46.

cartésienne sur la « figure de la Terre » (voir pp. 12-14). Ce mouvement s'amplifie en Allemagne lorsque Maupertuis prend en 1746 la direction de l'Académie des sciences de Berlin. Kant participe à un concours organisé par celle-ci sur le thème « Le mouvement de la Terre a-t-il été de tous temps de la même vitesse ou non ? ». En maniant les mathématiques et l'attraction newtonienne, il soutient avec raison que les marées peuvent ralentir le mouvement de notre planète.

En 1781, Kant publie la *Critique de la raison pure*, considérée comme un jalon dans l'histoire de la philosophie. Rapidement rééditée (et suivie par d'autres *Critiques* également importantes), cette œuvre marquée à la fois par Newton et par le piétisme proclame qu'une science est possible, même si l'homme ne peut prétendre à la connaissance de la réalité. Quant à Dieu, il ne peut être connu qu'indirectement : « notre connaissance de Dieu n'est que symbolique », dit-il.

La vie de Kant est bouleversée après la déroute en septembre 1792 des troupes prussiennes à Valmy, où elles avaient été envoyées pour intimider la Révolution française (voir p. 49). Cette défaite retentit en Prusse où règne maintenant Frédéric-Guillaume II : adepte des Rose-Croix et sans charisme, il avait remplacé les Lumières de Frédéric II par l'illuminisme. Kant, enthousiasmé par la Révolution française (où il voit la victoire posthume de Rousseau), publie, dans ce contexte, *La Religion dans les limites de la simple raison* (1793). Ce livre lui vaut la censure personnelle du monarque qui ne supporte plus les écrits s'écartant de la stricte orthodoxie. Le roi retire donc l'œuvre de la circulation et exige une rétractation publique de Kant. Le philosophe refuse de se désavouer, même s'il accepte de se taire « en sujet très respectueux de sa Majesté ». À la mort du monarque, son successeur, Frédéric-Guillaume III, le délie de cet engagement et Kant écrit *Le conflit des facultés* (1798).

Histoire naturelle et théorie du Ciel

Le succès des *Critiques* éclipse souvent la contribution de Kant à la cosmogonie, à laquelle il arrive par l'intermédiaire de Thomas Wright.

Cet auteur anglais aborde dans son ouvrage un sujet à la mode outre-Manche, visant à accorder la théologie et les avancées astronomiques. On se demande en effet en Angleterre où peuvent bien se trouver l'enfer et le paradis si la Terre n'est plus au centre du monde. Même des savants renommés s'aventurent sur ce terrain, comme William Whiston (1667-1752) qui place l'enfer sur les comètes, obligeant ainsi les damnés à endurer alternativement une chaleur brûlante lorsque celle-ci s'approche du Soleil et un froid glacial lorsqu'elle s'éloigne au-delà de Saturne.

Le livre de Thomas Wright, *An Original theory or new Hypothesis of the Universe*, participe à cette vague. Paru à Londres en 1750, il conçoit un monde sphérique semblable à une noix vide et dont la coquille contiendrait le Soleil, la Terre, les planètes et les étoiles, bref tous les astres du ciel. Au centre de la noix il voit le paradis, d'où Dieu commande, à l'aide de la gravitation, tous les mouvements de l'Univers. À l'extérieur de la coquille, Wright imagine l'enfer, le plus loin possible des anges et des élus.

Il est étonnant que Kant, le philosophe de la raison pure, se soit intéressé à un tel mystique, guidé par une seule obsession : combattre l'athéisme, qu'il débusque partout. Mais, en réalité, Kant ne l'a pas lu, se contentant d'un compte-rendu de presse qui déformait les idées de l'auteur, les rendant donc plus plausibles :

> « Je ne puis fixer exactement, avoue-t-il, les limites qui séparent mon système de celui de M. Wright (...) ni dire les points où j'ai simplement adopté ses idées et ceux où j'ai été plus loin que lui. »

À partir de ce compte-rendu, Kant tire l'idée que le Soleil, les planètes et les étoiles peuvent se trouver sur un même plan. S'il n'a pas lu Wright, il a en revanche dévoré un catalogue où Maupertuis décrit les nébuleuses comme des « grandes masses de lumière aplaties par une puissante rotation ». Par conséquent, le philosophe se persuade que les nébuleuses ne peuvent « être autre chose que des amas de nombreuses étoiles » et écrit l'*Histoire générale de la nature et théorie du ciel* (1755), qu'il dédie à Frédéric II. Le sous-titre de cet ouvrage éclaire son ambition : « *Essais sur la conception et l'origine mécanique de l'ensemble de l'Univers selon les principes de Newton* ». Kant, qui omet de signer son œuvre, avertit : « Les hypothèses de cette espèce ne sont généralement pas regardées comme autre chose que des rêves philosophiques ; et je n'ignore pas ce qu'il faut de complaisance au lecteur pour se résoudre à l'étude attentive d'une histoire de la nature purement imaginaire. » On peut se demander s'il aurait exposé ses idées sous un autre roi que Frédéric II (voir p. 32 l'encart : Frédéric II et l'Académie des sciences de Berlin).

Nébuleuses et galaxies

Actuellement, on réserve l'appellation « nébuleuse » plutôt pour désigner les objets composés de poussière et/ou de matière gazeuse diffuse dans l'espace interstellaire. Mais à l'origine, ce mot qui vient du latin « nebula », se rapportait à tout astre aux contours indéfinissables.

Nébuleuse spirale de la grande Ourse

Au XVIIIe siècle, on découvrit que certaines « nébuleuses » se composaient d'étoiles. Aujourd'hui, ce genre de nébuleuses est plutôt nommé « galaxie », la plus importante étant la nôtre, appelée Galaxie avec « G » majuscule, ou bien Voie lactée. Ces mots viennent du latin galaxia et Via lactea, dérivant eux-mêmes de « gala », expression grecque signifiant « lait ». En effet, la Voie lactée se présente comme une traînée « blanchâtre » dans le ciel, où les Grecs croyaient voir du lait renversé par les dieux.

Kant, pour montrer « comment l'Univers a pu sortir de la matière primitive réduite à son état le plus simple », remplit l'espace de particules matérielles primitives distribuées chaotiquement, bien avant l'existence du système solaire. Ces particules, différentes par la taille et la densité, abandonnent leur équilibre initial pour s'agglomérer autour des particules plus massives, débutant ainsi la formation du Soleil. Pour éviter que la nébuleuse ne s'effondre complètement sur le centre, Kant introduit une force de répulsion, sans dire d'où elle sort. Il postule qu'elle agit uniquement à courte distance pour contrarier le mouvement initial d'agglutination, et imprimer une déviation latérale à certaines particules. Ces dernières, qui se mettent alors à circuler autour du Soleil, créent les planètes et donnent une forme aplatie au système solaire.

Ce scénario a néanmoins un talon d'Achille : si la nébuleuse se trouvait initialement au repos, seul un miracle pourrait l'obliger à tourner. Si cependant, malgré cette objection, on devait supposer possible un tel prodige, il faudrait encore que les lois de la physique soient respectées, particulièrement celle de la conservation du moment cinétique. En d'autres termes, il faudrait que la somme des rotations individuelles, depuis celle du Soleil jusqu'à la plus minuscule planète, traduise l'immobilité initiale de la nébuleuse, c'est-à-dire que la somme des moments cinétiques du Soleil et des planètes soit nulle. Or, il n'en est rien. De plus, le Soleil tourne très lentement : alors qu'il concentre 99 % de la masse du système solaire, il possède moins de 1 % de son moment cinétique.

Au-delà du système solaire, Kant imagine une infinité d'autres nébuleuses, elles aussi de forme aplatie, disséminées dans l'infinité de l'espace. Pour désigner cette théorie, on parlera plus tard d'« univers-îles »[23], terme sous lequel l'hypothèse kantienne passera dans l'histoire.

Bien que l'*Histoire générale de la nature et théorie du ciel* ait connu une diffusion modeste, ce livre va influencer Lambert, un des savants les plus originaux du XVIIIe siècle.

Frédéric II et l'Académie des sciences de Berlin

Frédéric de Prusse (1712-1786) fut probablement le monarque le plus raffiné d'Europe au XVIIIe siècle. Son père, Frédéric-Guillaume Ier (le « Roi-Sergent »), aurait préféré qu'il s'adonnât aux arts militaires plutôt qu'à la poésie, ce qui conduisit à une violente altercation entre les deux hommes et à une tentative de fuite du prince en 1730 ; rattrapé, ce dernier fut obligé d'assister à l'exécution de son complice de cavale et de se soumettre à une discipline spartiate.

23. L'expression « univers-îles » est attribuée dans la littérature parfois à Kant, parfois à Herschel. Cependant, d'après Jacques Merleau-Ponty, elle serait apparue au XIXe siècle. « Cette métaphore ['île dans l'Univers'] est devenue banale. Nous ne l'avons cependant rencontrée dans aucune œuvre antérieure au *Cosmos* [ouvrage de Humboldt]. Humboldt en est peut être l'inventeur. » (Jacques Merleau-Ponty, *La science de l'Univers à l'âge du positivisme*, voir bibliographie, p. 344.)

Le prince qui aimait s'entourer de beaux esprits, garçons de préférence, écrivit l'*Anti-Machiavel* (1739) pour expliquer qu'un roi était un simple magistrat chargé d'assurer le bien-être de ses sujets. Dès qu'il fut proclamé roi sous le nom de Frédéric II (1740), il fit bâtir le château de Sans Souci, petit et bien décoré, selon ses propres dessins. Berlin devint après Paris le plus important centre culturel d'Europe. Frédéric II, qui méprisait l'allemand, voulait briller en français et faisait corriger ses manuscrits par Voltaire. « Je me trouve ici en France, a constaté Voltaire à Potsdam en 1750, on ne parle que notre langue. L'allemand est pour les soldats et les chevaux ; il n'est nécessaire que pour la route. »

Désireux de donner un nouveau souffle à la moribonde Académie des sciences que Leibniz avait fondée en 1700, Frédéric II annula la censure et multiplia les offres alléchantes aux savants européens. Un des premiers à venir fut le Suisse Leonhard Euler qui se trouvait en Russie à l'Académie de Pétersbourg. En 1746, Frédéric II confia l'Académie des sciences et des belles lettres de Berlin à Maupertuis et, faisant fi des préjugés, ce roi franc-maçon indigna l'Église en rédigeant (1752) l'éloge de La Mettrie, philosophe qui avait fui la France et la Hollande en raison de son athéisme.

Frédéric II n'hésita pas à provoquer la guerre de Sept Ans (1756-1763) qui embrasa l'Europe, les colonies et les mers. Au bord du désastre, il dut son salut à l'arrivée au pouvoir en Russie de son ami, le tsar Pierre III, ce qui lui assura la victoire. Frédéric II devint donc Frédéric Le Grand.

Lettres cosmologiques

Lambert, cet homme dont le nom restera à jamais gravé dans les mathématiques pour avoir prouvé l'irrationalité de π, étudié les fonctions hyperboliques, donné son nom à une série et participé à l'élaboration de la trigonométrie sphérique, inventa aussi la « représentation conique de Lambert » utilisée en cartographie, formula la loi fondamentale de la photométrie, s'intéressa aux couleurs, à l'humidité et à la propagation de la chaleur, et démontra un théorème sur le mouvement des comètes qui porte son nom. Il s'occupa aussi de philosophie dans *Neues Organon* (précédant Kant dans l'étude des conditions nécessaires pour donner à la connaissance un degré de précision comparable à celui des mathématiques) et dans *Phaenomenologia*, où il rechercha les moyens d'identifier les apparences fausses (ou subjectives) pour les distinguer des apparences vraies.

Lambert

Jean-Henri Lambert

Originaire d'une famille protestante chassée de France par l'abrogation de l'Édit de Nantes (1685), Jean-Henri Lambert (1728-1777) naît à Mulhouse, alors ville libre alliée des cantons suisses. Fils d'un tailleur désargenté et contraint dès son jeune âge de gagner son pain, il débute comme employé d'une gazette politique à Bâle. Il sait charmer ses interlocuteurs par sa parole abondante : ainsi, le comte de Salis à Coire (Suisse) le charge de l'éducation de ses petits-enfants. Véritable aubaine : non seulement Lambert y trouve une riche bibliothèque, mais il accompagne ses élèves dans toute l'Europe, noue des contacts avec des érudits étrangers et apprend le grec, l'italien, le latin et le français. Il écrit des vers dans ces trois derniers idiomes et en allemand, sa langue maternelle. Mathématicien fécond, Lambert impressionne d'Alembert qui le recommande aussitôt à Frédéric II. Intimidé par la rencontre avec le souverain, Lambert se comporte de manière surprenante. Sans que l'on sache pourquoi, il décide de se montrer de profil et, en écrasant rudement son chapeau sous le bras, il serre les doigts sur la couture de son pantalon. Il regarde donc en l'air, la tête tournée de 90°, quand le roi s'approche en lui posant cette question :

> « Que savez-vous ? »
> « Tout » répond Lambert.

Intrigué par son étrange posture, Frédéric II lui demande :

> « Comment l'avez-vous appris ? »
> « De moi-même. »

Amusé, le roi avance en disant :

« Vous êtes donc un autre Pascal ? »

Et Lambert répond impassible :

« Oui, Sire. »

Lorsque le roi tourne les talons pour quitter la pièce, la cour retient difficilement d'éclater de rire[24].

Pour décrire la « machine du monde », Lambert reprend dans les *Lettres Cosmologiques* (1761) les grandes lignes des hypothèses kantiennes, en introduisant cependant une nuance : pour lui, le système solaire dans son ensemble tourne, à la manière d'un satellite, autour d'un autre système planétaire plus important, qui circule lui aussi autour d'un autre système d'ordre plus élevé, formant ainsi une chaîne sans fin.

L'espace sidéral est-il habité ? Oui, affirme Lambert : « Je ne puis admettre que le Créateur les ait laissées vides, je n'hésite pas à remplir chacun de ces systèmes solaires avec des globes habités (...). Ceux qui doutent encore de cela, ou qui le dénient, sont les mêmes qui n'ont que leurs yeux comme moyen de vérification, et qui n'écoutent jamais les preuves venant des principes généraux. » En d'autres temps, cette opinion l'aurait conduit au bûcher, comme le malheureux Giordano Bruno, brûlé vif en 1600, et qui était alors un des rares érudits à soutenir l'idée de la pluralité des mondes habités. Mais, au siècle des Lumières, cette thèse s'était déjà frayée un petit chemin dans la tête de très nombreux savants.

Lambert et Kant sont deux importants chantres de la théorie des nébuleuses, mais leurs mélodies n'auraient jamais séduit les savants sans les observations détaillées du ciel, domaine où excellera Herschel, dont les travaux seront étudiés plus loin (voir pp. 40-47).

Peu après la mort de Lambert, et pendant que Kant travaille paisiblement à l'ombre de Frédéric II, Buffon a des démêlés en France avec certains ecclésiastiques excités.

---

24. Pour savoir plus, consulter Jean L. S. Formey, « Éloge de M. Lambert » dans *Nouveaux Mémoires de l'Académie royale des sciences et belles-lettres* de Berlin (pour 1778) ou Dieudonné Thiébault, *Mes souvenirs de vingt ans de séjour à Berlin*, Paris, 1804. Cette scène est également signalée au XIXe siècle par Michaud, *Biographie universelle ancienne et moderne* (voir bibliographie).

L'âge de la Terre

Époques de la nature

En 1778, dans *Époques de la nature*, Buffon se hasarde sur le terrain glissant de la chronologie géologique.

On se souvient du blâme prononcé par la faculté de théologie pour sa cosmogonie (voir pp. 26-27). Buffon brave encore, trente ans après, les gardiens de la foi en calculant l'âge de notre planète en observant le refroidissement de boules en fusion d'acier, de roche, etc. Après avoir étudié comment décroissent les températures de ces boules, il obtient leur vitesse de refroidissement, qu'il analyse et extrapole à une sphère de la taille de la Terre. Alors qu'il trouve trois millions d'années, le savant se contente d'annoncer 75 000 ans.

L'âge attribué par Buffon à la Terre, qui nous semble dérisoire, posait cependant à l'époque le problème de sa conformité avec les calculs du révérend James Usher (1581-1656), évêque d'Armagh (Irlande). En additionnant les âges des patriarches bibliques, il était parvenu un siècle plus tôt à placer la Création dans la nuit précédant le 24 octobre de l'an 4004 av. Jésus Christ. Ce chiffre admettait évidemment des rectifications, comme celle du docteur Lightfoot, vice-recteur de l'université de Cambridge, qui avait encore amélioré la précision en situant la Création à neuf heures du matin, plutôt que le soir. Bien entendu, ces calculs n'étaient nullement des articles de foi. La discussion restait encore ouverte, sans risque d'hérésie, à condition, bien sûr, de fonder son argumentation sur la Genèse. Il était également possible d'utiliser l'une ou l'autre des versions de la Bible, la Vulgate ou celle des Septante, chacune donnant une datation différente, variant d'environ 2000 ans.

Craignant certainement les réactions ecclésiastiques, Buffon introduit cette remarque pour apaiser les censeurs :

> « Hâtons-nous de prévenir une objection grave, qui pourrait même dégénérer en imputation. Comment accordez-vous, dira-t-on, cette haute ancienneté que vous donnez à la matière ? (....) Quelque fortes que soient vos preuves, quelque fondés que soient vos raisonnements, quelque évidents que soient vos faits, ceux qui sont rapportés dans les livres sacrés ne sont-ils pas encore plus certains ? Les contredire, n'est-ce pas manquer à Dieu, qui a eu la bonté de nous les révéler ? »[25]

Buffon essaye aussi de paraître conforme aux *Écritures* en suggérant que le mot *jours* dans la Genèse cache en réalité des *ères* :

---

25. Buffon, *Des époques de la nature*, Éditions rationalistes, 1971, p. 25.

> « Que pouvons-nous entendre par les six jours que l'écrivain sacré nous désigne si précisément en les comptant les uns après les autres, sinon six espaces de temps, six durées ? Et ces espaces de temps indiqués par le nom de *jours*, faute d'autres expressions, ne peuvent avoir aucun rapport avec nos jours actuels, puisqu'il s'est placé trois de ces jours avant que le Soleil ait été placé dans le ciel. »[26]

Signalons également que Buffon justifie sa décision de raccourcir l'âge de la Terre avec un argument différent :

> « Quoi qu'il soit très vrai que plus nous étendrons le temps et plus nous approcherons de la réalité de l'emploi qu'en a fait la nature, néanmoins il faut le raccourcir autant qu'il est possible pour se conformer à la puissance limitée de notre intelligence. »

Gabriel Gohau commente ce passage dans sa présentation des *Époques de la nature* en se demandant « si l'Église n'était pas autant choquée par les dizaines de millénaires que par des millions d'années. Au vrai c'est le public que Buffon craint de heurter », conclut-il. Ceci est parfaitement exact. Cependant, est-il interdit de supposer que l'hypothèse de Buffon commençait par le heurter lui-même ?

L'Église et l'âge de la Terre

La faculté de théologie réagit mollement à la datation de Buffon, mais l'Église ne se réduit pas à sa hiérarchie : certains ecclésiastiques entendent rester intransigeants. Ainsi, l'abbé Royou lance la première charge, obligeant Buffon à chercher son salut dans la fuite vers Montbard. Simultanément, l'abbé Barruel « trouve choquant de chercher dans les œuvres de Dieu une proportion entre les jours et les ouvrages. Le Dieu auquel nous croyons n'a besoin ni des jours ni du temps. » Ironique, il révèle sa connaissance de la cosmogonie du savant : « M. de Buffon créa cinq cents comètes d'une seule explosion ; notre Dieu créera d'une seule explosion la mouche ou l'Univers. » Et, menaçant, il conclut : « Nous le défierons de tirer de la physique une objection tant soit peu solide contre les livres de Moïse. »[27]

Toutes ces vociférations restent vaines, Buffon est peu inquiété : en plein siècle des Lumières, quelques années avant la Révolution française, les ecclésiastiques radicaux sont incapables de rééditer à Paris le procès de Galilée à Rome. En outre, le Vatican compte rester neutre : depuis Benoît XIV, on tolère mieux la science, d'autant plus qu'un autre pontife, Clément XIV (pape de 1769-1774), disparu peu de temps auparavant, ne cachait pas son admiration pour Copernic, Newton et... Buffon. D'ailleurs,

26. Buffon, *op. cit.*, p. 29.
27. Cité par Gabriel Gohau, *op. cit.* p. XXIII.

en 1748, alors que ce dernier pape était encore cardinal et consulteur du Saint-Office, il avait confié à un gentilhomme : « Je fais quelquefois des visites nocturnes à Newton, je veille pour le lire et pour l'admirer. Personne ne réussit comme lui la science et la simplicité. C'est le caractère du génie qui ne connaît ni la bouffissure ni l'ostentation. »[28] L'année suivante, le futur Clément XIV avait récidivé : « L'étude de la nature est nécessaire pour en connaître l'Auteur ; aussi Newton dit-il qu'un astronome ou un anatomiste ne saurait absolument être athée. »[29]

Au cours donc des pontificats de Benoît XIV et Clément XIV avait régné une ambiance propice à l'expression publique du copernicanisme qui profita à plusieurs ecclésiastiques dont Alexandre-Guy Pingré (1711-1796), Nicolas Louis de Lacaille (1713-1762), sans oublier les pères jésuites Maximilien Hell (1720-1792), Roger Boscovich (1711-1787) et Aimé Henri Paulian (1722-1801), ce dernier étant l'auteur d'un *Dictionnaire de la physique* (1758).

Après Clément XIV les papes montreront plus d'indifférence que d'inimitié à l'égard de l'héliocentrisme et de la science de Newton.

Le problème de l'évolution

> « Qui sait les races d'animaux qui nous ont précédés ? Qui sait les races d'animaux qui succéderont aux nôtres ? Tout change, tout passe, il n'y a que le tout qui reste. Le monde commence et finit sans cesse ; il est à chaque instant à son commencement et à sa fin. »
>
> Diderot, *Le rêve de d'Alembert*

Dans la mentalité du XVIIIe siècle, contrairement à nos jours, il n'y a aucune place pour les évolutions. Aujourd'hui, n'importe quel lycéen a entendu parler de Darwin, et le plus inattentif des téléspectateurs sait que la Terre se transforme, que les étoiles passent par des étapes successives de naissance, de vieillissement et de mort. L'idée de l'évolution est complètement intégrée à notre univers mental, et nous avons donc oublié combien elle est une notion récente.

Jusqu'à Darwin en 1859, et plus encore au XVIIIe siècle, le monde était un objet figé, créé par Dieu en six jours avec les mêmes animaux, les mêmes arbres et les mêmes corps célestes. La majorité absolue des savants était persuadée que les seuls changements survenus après la Création étaient ceux décrits dans la Genèse, tous catastrophiques. La faute en revenait à Adam et Ève qui avaient mangé la pomme, provoquant ainsi un enchaînement de désastres. Dieu, dans sa furie, avait jeté l'opprobre sur le couple

28. Cité par Georges Minois, *op. cit.* p. 120.
29. *Ibid.*

et leur descendance, et étendu aussi la punition aux animaux qui avaient commencé à se dévorer les uns les autres. Comme les hommes continuaient à être méchants, Dieu les avait noyés dans le Déluge (encore une fois avec les animaux !). Mais Noé et sa famille avaient été sauvés avec un couple de chaque espèce dans une arche. Ainsi, aucune espèce animale n'avait disparu. À l'exception de quelques philosophes comme Diderot, particulièrement en avance sur son temps, ce récit fantastique était tenu pour vérité historique.

Soulignons que Maupertuis suggère la possibilité que les animaux puissent avoir un ancêtre commun dans l'*Essai sur la formation des corps organisés* (1754) et que Jean-Baptiste Robinet (1735-1820) n'écarte pas l'idée que ceci puisse s'étendre également à l'homme. Des propos transformistes vont également être tenus par Benoît de Maillet, Erasmus Darwin (grand-père de Charles Darwin) et d'autres savants. Malheureusement, ces études reposent sur un nombre limité d'observations. Cependant, au tournant du siècle des Lumières apparaîtra Lamarck que nombre d'érudits, notamment français, considèrent comme le véritable précurseur de l'évolutionnisme. On reviendra sur le sujet plus loin.

Newton quant à lui croyait à l'explication biblique. On ne trouve ni dans les *Principia*, ni dans ses autres écrits, le moindre soupçon d'une possibilité d'évolution. Et nous ne parlons pas ici d'évolution des espèces vivantes, cas autrement plus choquant pour l'Église, et qui viendra avec Darwin, mais d'évolution tout court, évolution de la Terre, des astres, etc. De plus, Newton n'est pas le seul à ignorer cette question. Même Voltaire paraît la rejeter dans cet extrait :

> « On a trouvé dans les montagnes de la Hesse une pierre qui paraissait porter l'empreinte d'un turbot et sur les Alpes un brochet pétrifié : on en a conclu que la mer et les rivières ont coulé tour à tour sur les montagnes. Il était plus naturel de soupçonner que ces poissons, apportés par un voyageur, s'étant gâtés, furent jetés, et se pétrifièrent par la suite des temps... On a vu aussi dans les provinces d'Italie, de France, etc., de petits coquillages qu'on assure être originaires de la mer de Syrie. Je ne veux point contester leur origine : ne pourrait-on se souvenir de cette foule innombrable de pèlerins et de croisés qui porta son argent dans la Terre Sainte et en rapporta des coquillages ? »
>
> Voltaire, *Dissertation sur les changements arrivés dans notre globe*, 1749

Le grand conflit sur l'évolution, nous l'avons déjà dit, viendra au siècle suivant avec Darwin. Avant cela, il fallait que cette idée mûrisse dans la tête des hommes. L'apparition de l'astronomie stellaire y contribuera. Dans ce domaine un nom s'impose, Herschel.

Âge de la Terre

On trouvera ci-dessous un aperçu (très incomplet) des tentatives pour dater la Terre. Pour Aristote (384-322 avant notre ère), elle est incréée et éternelle. Certains savants du Moyen Âge, comme Jean Buridan (1300-1358), partagent cette idée, sans trop y insister.

En 1721, Henri Gautier (1660-1737) évoque 35 000 ans, durée nécessaire à un fleuve pour éroder complètement un continent. Il l'obtient en évaluant la vase emportée par une rivière. À la même époque, John Turbeville Needham (1713-1781), Pierre Bernard Palassou (1745-1830), Jean Louis Giraud Soulavie (1752-1813), chacun de son côté, parlent d'un million d'années, d'après les taux de sédimentation et d'érosion des montagnes. Benoît de Maillet (1656-1738), quant à lui, trouve beaucoup plus. Ainsi, Buffon n'est pas le seul à dater la Terre au XVIIIe siècle, mais il est le premier à envisager une expérience de mesure.

Au XIXe siècle, les temps géologiques augmentent vertigineusement : Charles Lyell (1797-1875) milite pour un âge infini et Charles Darwin pour 300 millions d'années (1859), valeur nécessaire à la mer pour creuser la vallée de Weald (Angleterre). Peu après, Lord Kelvin (1824-1907) donne 25 millions d'années au Soleil (en postulant que notre astre tire son énergie de la contraction gravitationnelle), et avance l'hypothèse de 24 millions d'années pour la Terre.

La radioactivité, découverte en 1896 par Henri Becquerel (1852-1908), permet de reprendre les calculs : en 1906, Ernest Rutherford (1871-1937) utilise le taux d'hélium dans les échantillons de radium pour attribuer 500 millions d'années à la Terre. En 1915, Bertram Boltwood (1870-1927) pousse cet âge à 1,6 milliards d'années d'après le pourcentage de plomb dans l'uranium. En 1935, Alfred Nier (qui utilise la proportion relative des isotopes plomb 206 et 207 dans les échantillons naturels d'uranium 238, d'uranium 235 et du thorium 232) donne 2,6 milliards d'années à notre planète. En 1946, Arthur Holmes (1890-1965) et Friederich Houtermans (1903-1966) affinent cette méthode et aboutissent à une valeur entre 3 et 3,4 milliards d'années. En 1953, Clair Paterson arrive à 4,5 milliards d'années, chiffre confirmé par la datation en 1970 d'échantillons lunaires.

Naissance de l'astronomie stellaire : Herschel

Au début du siècle des Lumières, l'astronomie est pratiquement synonyme d'observation de la Lune et des planètes alors connues (Mercure, Vénus, Mars, Jupiter et Saturne) : à l'exception des taches solaires, on ignorait presque tout sur notre astre.

On avait cependant déjà acquis la conviction que le Soleil est une étoile parmi d'autres, que s'il avait été éloigné, il nous paraîtrait comme un point sur la voûte céleste. Ceci semble être peu de chose, mais n'oublions pas que le Soleil nous semble être un objet unique, puisqu'il nous chauffe et nous éclaire. Voici pourquoi les hommes ont longtemps supposé qu'il n'était en rien apparenté aux autres astres, surtout pas aux étoiles. Faute d'instruments adéquats pour scruter le ciel, on en était là de la méconnaissance de la nature des étoiles lorsque Herschel s'intéressa à la question. Voici pourquoi, on le considère souvent, avec raison, comme le père de l'astronomie stellaire.

Herschel

William Herschel

Né à Hanovre, ville dont le prince arbore le titre d'Électeur, William Herschel (1738-1822), le découvreur de la planète Uranus, est l'un des observateurs les plus méticuleux de l'histoire de l'astronomie. Les origines de sa famille sont mal connues. On sait cependant que, deux générations auparavant, les Herschel avaient fui les persécutions contre les protestants et s'étaient installés comme cultivateurs dans la région de Leipzig, sous la conduite du bisaïeul de William, un certain Abraham, comme le patriarche biblique. Comme son homonyme de la Genèse, Abraham nomme son fils Isaac, et celui-ci, s'inspirant de la même tradition, dénomme son aîné Jacob. Ce dernier, passionné de musique, quitte le giron

familial pour Hanovre : père de dix enfants, dont William Herschel, il n'assure d'éducation à sa progéniture qu'en musique, domaine où ses enfants excelleront ; William se trouve employé par l'orchestre militaire de Hanovre.
En qualité de hautboïste, William se rend en 1755 avec son régiment en Angleterre, pays lié au Hanovre : en effet, en 1714, l'Électeur de Hanovre, George-Louis, avait accédé à la couronne anglaise sous le nom de George I. À sa mort en 1727, il avait laissé le trône à son fils, George II : contrairement au père, ce dernier parlait bien l'anglais... avec un fort accent allemand.
Lorsque les Français bivouaquent dans le Hanovre en 1757, pendant la guerre de Sept Ans, William et son frère Jacob décampent vers l'Angleterre. Malgré quelques amitiés outre-Manche, William vit trois années de privations avant de devenir instructeur musical d'un régiment près de l'Écosse. En 1765, il se trouve organiste à Halifax et, peu après, à la chapelle de Bath, ce qui le délivre des tracas matériels car il arrondit ses fins de mois avec des cours particuliers.
Bath, plaisante villégiature pour l'aristocratie, possède une riche bibliothèque. Il a donc presque trente ans lorsqu'il dévore les dictionnaires pour apprendre l'italien, le latin et s'initier au grec. Il passe ensuite aux mathématiques pour mieux maîtriser la théorie musicale, et, sans que l'on sache pourquoi, il s'adonne à l'optique.

D'après les aveux de Herschel, sa vie bascule en regardant avec un télescope : il n'avait jamais ressenti une émotion si vive ; le ciel se révélait merveilleux, insoupçonnable et riche ! Résolu à acheter l'instrument sur le champ, il doit déchanter : ses émoluments sont ridicules. Il décide donc de le fabriquer.

Il entreprend d'abord de construire une lunette à réfracteur. Le résultat le déçoit : les verres non corrigés forment des images irisées. Herschel renonce à cette voie pour réaliser un télescope semblable à celui que Newton avait mis au point un siècle auparavant. En fait, il finira par construire des télescopes dont les diamètres dépasseront plus de trente fois celui de Newton.

Jamais satisfait, aussitôt que le travail est fini, Herschel s'engage dans la fabrication d'instruments plus performants, la plupart réalisés avec sa sœur Caroline qu'il fait venir en 1772 : la mort de leur père en 1767, après une longue paralysie, avait plongé la famille dans le dénuement. Caroline, sa dévouée cheville ouvrière, ne le quitte pas d'une semelle : lorsqu'il polit les miroirs, ce qui dure parfois seize heures d'affilée, elle le nourrit à la bouche, cuillérée après cuillérée. Le commerce d'une partie des télescopes leur apporte une source non négligeable de revenus.

Une famille d'astronomes : Caroline et John Herschel

Caroline Lucretia (1750-1848), sœur de William Herschel, cantatrice de profession, rejoint l'Angleterre en 1772. Restée célibataire, elle s'installe en 1788 dans une chambre de bonne après le mariage de son frère William. Elle scrute alors méthodiquement le ciel, découvre trois nébuleuses, huit comètes, révise le catalogue de Flamsteed, devient membre honoraire de la Royal Astronomical Society, de la Royal Irish Academy et obtient une pension de George III (la première jamais attribuée à une femme en Angleterre pour une œuvre scientifique) et une médaille d'or du roi de Prusse.

Caroline Herschel

Véritable encyclopédiste, le seul enfant de William Herschel, John Frederick (1792-1871) manifeste son génie un peu partout : en optique, il étudie la polarisation et la biréfringence des cristaux, les interférences lumineuses (et aussi sonores) et des produits photographiques (il aurait été le premier à utiliser les mots « négatif » et « positif »). En météorologie et géomagnétisme, il aide à organiser des expéditions comme celle de James Clark Ross en Antarctique, et participe à celle du Cap (1833-1838) chargée de dresser la carte du ciel austral (plus particulièrement de la constellation d'Orion, de la nébuleuse Eta Carina et des nuages de Magellan) : il y fabrique un micromètre, repère plus de 5000 nébuleuses et étoiles binaires et aide à rénover le programme scolaire en Afrique du Sud. On lui doit aussi une classification photométrique des étoiles et des traductions en anglais de certaines œuvres de Schiller, de *L'Enfer* de Dante et de l'*Iliade*... qu'il met en hexamètres !

La découverte d'Uranus

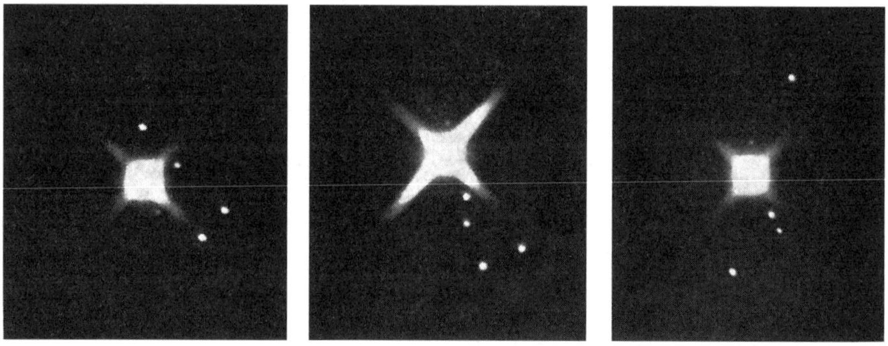

Uranus et quelques-uns de ses satellites

(Photo prise avec le télescope de 2 m de l'observatoire McDonald, Texas. La « croix » est provoquée par la lumière diffusée par le surpport du miroir secondaire.)

Si les talents de William Herschel sont admirables dans la confection de télescopes, ils sont tout autant remarquables dans l'observation. Inspiré par les prouesses de Charles Messier (1730-1817), le « furet des comètes », Herschel rêve aussi de dénicher des comètes en 1774 lorsqu'il commence à prospecter systématiquement le ciel.

En tout cas, la célébrité de Herschel ne vient pas des comètes, mais de la découverte en 1781 d'Uranus[30]. Pourtant, il réalise cette performance sans s'en rendre compte : lorsqu'il aperçoit un curieux point vert dans les Gémeaux, il croit avoir repéré une comète. Euphorique, il signale la trouvaille notamment à Messier.

Cette méprise reste jusqu'à nos jours objet d'étonnement. Cependant, à sa décharge, il n'était guère qu'un amateur, et d'autres, plus qualifiés que lui, s'étaient aussi trompés : plusieurs astronomes professionnels avaient auparavant aperçu Uranus sans l'identifier. Le Monnier, par exemple, l'avait vue douze fois entre 1750 et 1771 (dont cinq en janvier 1769).

Les astronomes remarquent sans tarder que la « comète de Herschel » n'a pas de queue et que, contrairement aux étoiles qui restent ponctuelles, on parvient à augmenter son diamètre avec un grossissement plus important. Après cinq mois de calculs, Pierre-Simon Laplace comprend sa nature en 1782 et la baptise « planète de M. Herschel »[31].

30. Pour cette découverte, Herschel utilise un télescope de miroir en bronze de 16 cm de diamètre et de 2,10 m de distance focale.

31. Les paramètres de la nouvelle planète ont également été calculés par d'autres astronomes, parmi eux Anders Johan Lexell (1740-1784).

Cette révélation qui fait l'effet d'une bombe se répand à la vitesse de l'éclair : Herschel vient de doubler les dimensions du système solaire ! Il faut revenir à 1610 pour retrouver un pareil prodige lorsque Galilée découvre les satellites de Jupiter.

Au comble de l'allégresse, Herschel, tout comme Galilée avant lui, dédie « son » astre à George III, le nommant « Georgium Sidus »[32]. Cela tombe bien pour ce roi anglais déprimé par les nouvelles d'Amérique, où ses troupes viennent de subir défaite après défaite dans la guerre d'indépendance des États-Unis. Bien qu'il soit flatté que son nom côtoie dans le ciel les dieux mythologiques, George III gratifie chichement Herschel : deux cent livres de pension annuelle. En apprenant cette somme, un ami de Bath confie à Caroline : « Le roi n'a jamais eu autant d'honneur pour un prix si médiocre ! » Mais Herschel lévite de bonheur : nommé « astronome du roi » et dispensé de faire chapeau bas, il passe ses soirées à montrer le ciel à la cour ; le roi lui-même voit « sa » planète. Pendant ce temps, Caroline, à Bath, s'alarme : les élèves particuliers de William, inquiets de l'absence prolongée du maître, envisagent un autre professeur. Mais William ne se soucie plus de ces cours : il veut se consacrer désormais à l'astronomie, et transformer la musique en violon d'Ingres.

Le grand télescope

Herschel reçoit aussi une subvention royale pour construire un télescope équipé d'un miroir en bronze d'un mètre de diamètre. Comme aucun fondeur n'accepte de le couler, il conçoit la folle entreprise de le réaliser avec un petit four installé dans sa cave. En guise de moule, il commande une tonne de fumier, matériau ayant l'insigne avantage d'être bon marché. Avec Caroline, un frère et un ami, ils donnent la forme du miroir au crottin en le pilonnant, en le tassant et en le frappant des jours durant. Lorsqu'ils coulent le miroir, le fumier cède sous la chaleur, le métal fondu se répand, et ils se retirent en hâte, poursuivis par une lave ardente. On ne déplore aucun blessé, mais l'échec va désormais tourmenter ses nuits jusqu'à ce que la couronne commande un télescope dont les dimensions sont approximativement, dans nos unités actuelles, 1,20 m d'ouverture et 13 m de longueur, chargeant William Herschel de la supervision des travaux[33]. Une gratification royale supplémentaire de cinquante livres, en 1787, lui permettra d'engager Caroline à son service.

32. Sur proposition de Johann Elest Bode (1747-1826), la communauté scientifique poursuivit la série mythologique en désignant la nouvelle planète Uranus.
33. En fait, ce télescope fut un demi succès. Herschel utilisera davantage un autre plus maniable avec un miroir de 48 cm de diamètre et un tube de 6 m.

Le grand télescope de Herschel

À partir de 1785, Herschel s'occupe d'observer les nébuleuses et d'évaluer le nombre d'étoiles dans la Voie lactée : il chiffre ce dernier à plus de 75 millions, quantité extravagante pour l'époque. De plus, il recherche la forme de notre galaxie en recensant le nombre d'étoiles suivant les directions du ciel : celle qui en aurait le plus, serait aussi la plus étendue, ce qui lui permet de confirmer que la Voie lactée est aplatie. Toutefois, en plaçant le Soleil en son centre, Herschel fait encore preuve d'anthropocentrisme. Shapley détruira cette supposition au XXe siècle, nous aurons l'occasion d'y revenir.

William Herschel élabore aussi un catalogue de 2 500 nébuleuses, multipliant donc leur nombre par plus de vingt. Dès le début des observations, son instrument lui révèle que certaines d'entre elles fourmillent d'étoiles qu'il parvient à individualiser. Après avoir postulé à tort qu'elles pourraient donc être toutes résolues en étoiles avec des instruments plus performants, une étrange nébuleuse lui fait réviser ce jugement en 1790 : ornée d'une auréole (et nommée pour cela « nébuleuse planétaire »), elle sera plus tard identifiée comme reste d'une supernova. Enfin, William Herschel classe séparément une centaine de nébuleuses dont les formes irrégulières évoquent plutôt des nappes gazeuses que des grappes d'étoiles.

Herschel estime d'autre part que certaines nébuleuses se situent hors de notre galaxie et peuvent avoir une taille comparable à la Voie lactée. Il reprend donc à son compte l'hypothèse formulée auparavant par Kant et Lambert, connue sous l'appellation d'« univers-îles » (voir note page 32).

Herschel révèle aussi l'existence d'étoiles doubles. On pensait jusqu'alors que ces systèmes binaires répandus dans l'Univers résultaient d'un effet de perspective affectant deux astres très voisins. Croyant en cela, il se met à les dénombrer en 1780 afin de mesurer le mouvement propre des étoiles évoqué par Halley. En effet, en 1718, ce dernier avait remarqué que Sirius, Arcturus et Aldébaran ne se trouvaient pas à la place indiquée par Hipparque environ deux mille ans auparavant. En ayant conclu à leurs déplacements, Halley faisait preuve de hardiesse : rien n'interdisait en réalité que Hipparque se soit trompé.

Or, la découverte d'Uranus détourne Herschel de la question du mouvement des étoiles, à laquelle il revient en 1800 pour remarquer que les binaires avaient eu un déplacement relatif. À partir de cette date, il ne les quitte plus des yeux : en 1820, il peut donc affirmer qu'elles tournent l'une autour de l'autre dans une ronde rythmée par la loi de la gravitation. Newton triomphe : son attraction est plus que jamais universelle !

Simultanément, sur le continent, Laplace assure la victoire théorique de Newton.

Le système solaire newtonien est stable : Laplace

La Révolution française

Avant de parler de Laplace, il faut signaler le cadre historique de la partie la plus importante de son travail, la Révolution française, événement qui marquera durablement aussi bien la science que l'histoire de l'humanité.

D'ailleurs, le savant connaîtra dans sa vie l'ensemble des régimes politiques jamais inventés par l'homme : en effet, de 1789 à 1815, c'est-à-dire de la monarchie absolue à la Restauration, la France expérimentera aussi la République et l'Empire.

Si en astronomie Laplace se cantonne à conforter la mécanique de Newton, il laisse en revanche une œuvre originale en mathématiques, donne son nom à un opérateur différentiel (le « laplacien »), à l'équation de dilatation adiabatique des gaz et à la force exercée par un champ magnétique sur un courant électrique.

Laplace

Pierre-Simon Laplace

Joseph-Louis Lagrange

Souvent désigné comme « le Newton français », Pierre-Simon Laplace naît en 1749 et décède en 1827, un siècle, presque jour pour jour, après Newton.
Fils de l'union d'un fabricant de cidre et de la fille d'un paysan prospère, Laplace effectue ses premières études dans sa ville natale, Beaumont en Auge, et à Caen. Esprit fin et clair, il se distingue par des propos théologiques si pertinents que son père songe à l'orienter vers la carrière ecclésiastique. Mais Laplace souhaite poursuivre des études de mathématiques. Une lettre de recommandation élogieuse dans la poche, il part à Paris demander une audience à d'Alembert. Ce dernier, las d'être importuné par des jeunes à la recherche d'une position, l'éconduit. Astucieusement, Laplace adresse à d'Alembert un commentaire sur les principes généraux de la mécanique. Impressionné, ce dernier décide sur le champ de parrainer Laplace pour la chaire de mathématiques de l'École militaire de Paris, et devient dès lors son protecteur.
Laplace se fait rapidement remarquer par le perfectionnement qu'il apporte à la méthode de Lagrange pour rechercher les extremums des équations algébriques. Encouragé par cette performance qui l'aligne avec les grands mathématiciens, Laplace postule en vain à l'Académie des sciences deux fois (1771 et 1772). Déçu par ces échecs, d'Alembert, qui s'était compromis dans ces candidatures, le recommande à Lagrange qui s'occupe alors de la section de mathématiques de l'Académie de Berlin. Cette proposition devient caduque avant même que l'encre

qui avait servi pour l'écrire ne sèche : en effet, en 1773 Laplace est accueilli à l'Académie royale des sciences. Lagrange viendra le rejoindre en 1787 à l'invitation de Louis XVI : en dépit d'une certaine rivalité réciproque, les deux plus grands mathématiciens de l'époque vont coopérer dans différents domaines.

Habile à mettre la physique en équations, Laplace travaille avec Lavoisier de 1781 à 1783 (avec qui il publie un mémoire sur la chaleur), sans se détourner de l'astronomie : par exemple, il démontre en 1782 que la « comète de Herschel » est Uranus (voir p. 44). Cela semble peu de choses, mais c'était à ce moment-là un exploit extraordinaire.

Examinateur au Corps royal d'artillerie, Laplace interroge le jeune Bonaparte en 1785. Au lendemain du 18 Brumaire, ce dernier, en qualité de Premier consul, le chargera du ministère de l'Intérieur. Éphémère, la carrière ministérielle de Laplace ne durera que six semaines car Bonaparte le congédiera sans ménagement : « Géomètre de premier rang, Laplace ne tarda pas à se montrer administrateur plus que médiocre – écrit Napoléon à Sainte-Hélène – dès son premier travail nous reconnûmes que nous nous étions trompés. Laplace ne saisissait aucune question sous son véritable point de vue : il cherchait des subtilités partout, n'avait que des idées problématiques, et portait enfin l'esprit des 'infiniment petits' jusque dans l'administration. »

À l'âge de quarante ans, Laplace voit la Révolution porter aux commandes de l'État des hommes profondément imprégnés par la philosophie des Lumières. Dès 1789, il collabore à la refonte du système de Poids et Mesures du royaume. Avec Lagrange, Condorcet, Monge et Borda, il participe à la commission qui définit en 1791 le mètre comme une fraction du méridien[34]. Pour les révolutionnaires, ce nouveau système devait en finir avec l'anarchie dans les unités de mesure, ce qui permettait à la fois de faciliter les échanges économiques dans le royaume et d'assurer l'égalité des citoyens.

En juillet 1792, l'Est de la France est occupé par des armées étrangères qui viennent prêter main forte à Louis XVI. Parmi elles, les troupes prussiennes réputées invincibles, commandées par le duc de Brunswick, menacent d'anéantir Paris. En effet, la Révolution avait soulevé un tel enthousiasme en Europe que les monarchies étrangères s'étaient liguées contre le nouvel État. Sans se laisser intimider, les sans-

34. Pour l'histoire du système métrique, consulter A. Simaan, *La science au péril de sa vie – Les aventuriers de la mesure du monde* (voir bibliographie).

culottes mettent Brunswick en déroute en septembre 1792 et proclament la République. Louis XVI est guillotiné peu après, exécution qui relance la guerre encore plus fortement.

En pleine tourmente, les révolutionnaires décrètent le 8 août 1793 la fin des « institutions parasites », métaphore servant à désigner les Académies qui ont le malheur de se nommer « royales ». Le mois suivant, la Convention, qui regrette la dissolution de l'Académie des sciences, crée la Commission temporaire des Poids et Mesures sous la direction de Borda pour poursuivre la réforme métrologique. Laplace et Lagrange reprennent donc leur mission antérieure aux côtés notamment de Delambre et Lavoisier, mais en l'absence de Condorcet qui, décrété d'arrestation, se trouve en fuite. Malheureusement, cette nouvelle Commission sombre elle aussi fin 1793 avec l'incarcération de Lavoisier, ancien fermier général. Accusé de fraude, de profits excessifs, de retard dans les versements au Trésor, d'avoir « comploté contre le peuple français et de favoriser par tous les moyens possibles le succès des ennemis de la France », Lavoisier doit comparaître devant le tribunal révolutionnaire. Émus, et craignant pour lui à juste titre un sort tragique, les membres de la Commission supplient le Comité de salut public de laisser leur collègue finir son travail. La réponse est immédiate : Laplace, Borda et quelques autres sont remplacés par des « hommes dignes de confiance par leurs vertus républicaines et leurs haines pour les rois ». Lavoisier quant à lui montera sur l'échafaud en 1794.

Après cet incident, Laplace, comme Lagrange d'ailleurs, traversera sans encombre la période révolutionnaire. Si pour Lagrange cela s'explique par sa neutralité prudente, pour Laplace cela est aussi la rançon de la soumission : il jure la haine des rois devant le Conseil des Cinq Cents, prête allégeance à Napoléon (qui le fait comte) et se rallie ensuite à Louis XVIII (qui le fera marquis). Admis à l'Académie française en 1816, Laplace se plaît à émettre des opinions sur tous les sujets, sans dissimuler son sentiment de supériorité.

La mécanique de Newton parachevée

Laplace est surtout connu pour son *Traité de mécanique céleste* (1799-1825), monument d'analyse scientifique, où il fait le point sur les problèmes célestes de son temps, de la théorie de la perturbation des planètes aux mouvements des marées, en passant par la précession de la Terre et l'accélération séculaire de la Lune. Il gagne son pari d'expliquer la stabilité du monde à l'aide des seuls principes de Newton dont il parachève, en somme, la mécanique. Du point de vue métaphysique, Laplace a un avantage sur ses prédécesseurs : n'ayant pas vécu la querelle sur la nature de la gravitation, il accepte cette loi sans état d'âme.

Avant la parution du *Traité de mécanique céleste*, il avait vulgarisé ses idées dans l'*Exposition du système du monde* (1796), livre à propos duquel il aurait répliqué à Napoléon qui s'étonnait de l'absence de Dieu dans l'ouvrage : « Sire, je n'avais pas besoin de cette hypothèse. » Sans connaître les travaux de Kant, Laplace y reprend l'hypothèse de la nébuleuse primitive, en évitant toutefois les travers du philosophe allemand. Par conséquent, il ne part pas d'une nébuleuse à l'état primitif, mais d'un proto-soleil déjà formé et en rotation :

> « L'état actuel du système solaire, écrit-il, est le résultat d'une lente évolution à partir d'une sphère de matière diffuse, homogène, entourant le Soleil, comme une gigantesque atmosphère et tournant lentement sur elle-même. Le jeu naturel des lois de la mécanique (gravitation comprise) fait alors prévoir que la nébuleuse s'aplatira, se fractionnera en anneaux concentriques dont la matière, enfin, se condensera en planètes. »

Ainsi, d'après Laplace, le système solaire résulte de la rotation d'une masse incandescente qui, en tournant, aurait éparpillé des anneaux concentriques de matière dans l'espace. En refroidissant et en coagulant, ceux-ci donnent origine aux planètes, aux satellites, aux anneaux de Saturne, à la forme aplatie du système solaire, etc. Il découle de ce modèle que les planètes éloignées se forment avant les autres, impliquant donc qu'elles soient plus âgées.

En apprenant que William Herschel avait identifié des étoiles en constitution dans une nébuleuse, Laplace se rallie résolument à l'hypothèse des « univers-îles » (voir note page 32). Il infère aussi que les nébuleuses contiennent des étoiles à tous les stades d'évolution, depuis celles en gestation jusqu'aux adultes, entourées de planètes. Ceci ôte donc toute raison divine à la création du système solaire, car la formation de la Terre, qui cesse d'être un cas unique, n'obéit plus à une « cause finale ». Accusé d'athéisme, Laplace édite malgré tout cinq fois l'*Exposition du système du monde* : ses idées imprégneront sérieusement les milieux scientifiques, notamment français.

Laplace a transformé si profondément la mécanique céleste que l'on parle parfois de « révolution scientifique ». Le savant a en revanche toujours considéré qu'il s'agissait de la victoire de Newton, pas la sienne. Mais Newton, qui croyait à l'omniprésence de Dieu pour assurer la stabilité du système solaire, aurait été étonné en voyant l'œuvre de son disciple. Laplace, même sans être athée, prouvait que Dieu ne jouait aucun rôle dans les affaires courantes du monde, qu'il était une hypothèse inutile.

Tout au long du XIXe siècle, la confiance dans la physique de Newton s'accentuera notamment après la découverte de Neptune par le calcul : John Couch Adams (1819-1892) et Urbain Le Verrier (1811-1877) localiseront séparément la planète dans le ciel en étudiant les perturbations d'Uranus. Cette réussite sera l'apothéose de la loi de la gravitation, et l'astronomie deviendra l'exemple même de la science exacte. La confiance dans la physique newtonienne se transformera presque en croyance religieuse pour les positivistes, entraînant une fâcheuse conséquence : certains jeunes étudiants renonceront à la recherche en mécanique céleste, où il n'y aurait plus rien à trouver.

Découvertes de Neptune et Pluton

Découverte de Neptune

En 1846, Urbain Le Verrier (1811-1877) indiqua à l'astronome berlinois Johann Gottfried Galle (1812-1910) la position d'une planète inconnue qu'il venait de découvrir par les calculs, ce qui permit à ce dernier de localiser Neptune à l'emplacement prévu. L'existence de cette planète permettait à Le Verrier d'expliquer une partie importante des irrégularités observées dans l'orbite d'Uranus, résolvant ainsi un problème qui intriguait les savants depuis environ vingt ans. En même temps, en Angleterre, l'astronome John Couch Adams (1819-1892) était lui aussi parvenu au même résultat que Le Verrier. Mais Sir George Biddell Airy (1801-1892), directeur de l'Observatoire de Greenwich, avait refusé de le prendre au sérieux. C'est pourquoi la gloire résultante de cet exploit échut intégralement à Le Verrier.

Découverte de Pluton

Pluton, dont les astronomes n'ont toujours pas décidé s'il s'agit d'une planète ou d'un astéroïde, a été trouvé en 1930 par Clyde Tombaugh (1906-1997). Depuis la mise en évidence de Neptune, les astronomes cherchaient une planète inconnue pour élucider quelques perturbations dans l'orbite de cette planète géante. C'était une mauvaise piste : Pluton est trop petite pour influencer le mouvement de Neptune. Après une année d'examen minutieux d'un grand nombre de plaques photographiques, Tombaugh localisa Pluton. Ce nom, tiré de la mythologie grecque, rend indirectement hommage à Percival Lowell qui s'était épuisé à la rechercher : PL, les deux premières lettres de Pluton, sont les initiales de Percival Lowell.

Chapitre 2

Apogée et crise de la physique de Newton

Bref aperçu sur le XIXe siècle

Après la fin de l'Empire napoléonien en 1815, la France connaît une période d'épuisement : saignée à blanc, elle panse les plaies des guerres qui lui ont arraché un million d'hommes valides. Elle a cependant un atout : la modernisation de son système éducatif, commencée par la Convention, va servir de modèle aux autres pays d'Europe.

On a déjà évoqué l'indigence de l'enseignement scientifique sous l'Ancien Régime. La pénurie d'établissements et de professeurs de science avait conduit au XVIIIe siècle à la création de véritables dynasties de savants, l'exemple le plus évident étant les quatre Cassini qui se sont transmis la direction de l'Observatoire de Paris de père en fils pendant cent vingt ans. Cette pratique de cooptation des savants relevait moins du népotisme que de l'absence de véritable formation scientifique hors du milieu familial. Ainsi, les pères s'occupaient-ils de l'éducation de leurs fils, les aînés de leurs cadets et les oncles de leurs neveux. Les familles aisées pouvaient avoir recours à des précepteurs, mais, en dehors de ce cadre, il ne fallait compter que sur le génie personnel.

De la Convention à la chute de l'Empire (entre 1792 et 1815), la France bouleverse la donne dans le domaine de l'éducation, permettant donc l'émergence d'une vigoureuse génération de savants – dont nous allons parler. De nombreux établissements sont créés ou modernisés : le Muséum d'histoire naturelle ; l'École de Mars (1794) destinée aux garçons de 16 à 18 ans ; l'École centrale des travaux publics (qui deviendra polytechnique le 15 fructidor an III ou 1er septembre 1795) ; l'École normale (1794) ;

le Conservatoire national de arts et métiers (19 vendémiaire an III, 10 octobre 1794) pour établir à la fois l'inventaire scientifique et technique sur l'ensemble du territoire national et encourager les inventions et les perfectionnements techniques. Sont mises en place également diverses écoles techniques, militaires et de santé, etc. Les programmes sont conçus pour assurer la meilleure formation scientifique possible : on recrute le personnel qui convient, et on crée des laboratoires de recherche qui font l'envie des autres nations, même si elles font aussi des efforts dans ce sens. La Prusse par exemple, où la science stagne depuis Frédéric II, fonde l'université de Berlin (1810), multiplie les laboratoires et les instituts de recherche. L'Angleterre de son côté rénove la Linnean Society (créée en 1788) et met en place de nouveaux établissements : en 1801, la Royal Institution, où travailleront Humphrey Davy et Michael Faraday, en 1807 la Geological Society, en 1820 l'Astronomical Society of London (qui deviendra ensuite Royal Astronomical Society). N'oublions pas les établissements chargés spécifiquement de former les futurs artisans, comme les *mechanics institutes*.

Le XIXe siècle est pour la France une période de progrès économiques, certes, mais aussi de régression dans la hiérarchie des puissances européennes. Bien avant la Révolution, elle était déjà distancée par l'Angleterre sur le plan de l'industrialisation. Et l'écart va encore s'accentuer avec cette nation. De plus, vers les années 1870, la France sera égalée, sinon doublée, par les États-Unis et l'Allemagne unifiée. Nous le verrons dans la suite de notre récit, les savants français brilleront donc moins vers le milieu du siècle que par le passé. En effet, la science et la recherche deviennent exigeantes en instruments chers, performants et d'une technologie de plus en plus complexe, ainsi qu'en fonds importants et en tissu industriel actif.

C'est une philosophie née en France qui va fortement imprégner beaucoup de savants du XIXe siècle (et, dans une moindre mesure, du XXe siècle aussi) : le positivisme. Fondée par Auguste Comte (1798-1857), professeur de mathématiques, cette doctrine peut se résumer par cette devise : « L'Amour pour principe, l'Ordre pour base et le Progrès pour but. » La forme la plus achevée du positivisme, le scientisme, prêche que seule la science peut guérir les maux de l'humanité. Au tournant du XXe siècle, les positivistes sont à leur apogée : ils ont déjà essaimé dans le monde entier[35] et s'attaquent résolument aux croyances religieuses, désignées comme « superstitions ».

35. En 1889 par exemple, lors de la proclamation de la République du Brésil, on inscrivit sur le drapeau « Ordem e Progresso ».

Naissance de l'astrophysique

Nature ondulatoire de la lumière

L'héritage de Newton repose sur deux piliers, les *Principia* et le *Traité d'optique*. Autant le premier est une œuvre théorique mathématisée, autant le deuxième réserve une large place à l'expérience. Newton révèle à la fin du *Traité d'optique* un certain nombre de doutes (nommés « questions »), comme s'il avait la prémonition que les premières mises en cause de son œuvre viendraient de cette science.

Newton avait fondé son optique en postulant que la lumière se composait de particules matérielles. Pour imposer cette vision corpusculaire, il dut combattre Christian Huygens qui prônait la nature ondulatoire de la lumière. On sait aujourd'hui que les deux savants avaient raison et tort : au XXe siècle on démontrera que la lumière a une double nature, ondulatoire et corpusculaire. Mais à la fin du XVIIIe siècle et au début du XIXe, telle était l'autorité de Newton que les savants n'imaginaient nullement possible de douter de sa parole. C'est pourtant ce que va faire l'Anglais Thomas Young. En 1802, il écrit un article pour la revue de la Royal Society, *Philosophical Transactions*, où chaque mot est un arrêt de mort pour l'explication newtonienne de la lumière :

> « [Si] deux parties d'une même lumière arrivent à l'œil par des trajets différents, [... elle] est plus intense lorsque la différence de route est un multiple d'une certaine longueur, elle est moins intense dans l'état intermédiaire des parties qui interfèrent. Cette longueur est différente pour des lumières de couleur différente. »[36]

Son expérience est la suivante : il envoie un faisceau lumineux sur une feuille percée de deux trous très rapprochés. Ce faisceau se partage donc en deux, traverse la feuille et vient se projeter sur un écran, en suivant deux trajets différents. Sur l'écran, Young constate un phénomène curieux (jusqu'alors non identifié) qu'il nomme « interférence » : une succession de bandes claires et obscures à l'endroit où les deux parties du faisceau se mélangent. Lorsqu'il bouche l'un des trous, il apparaît une tâche unique sur l'écran. Ceci prouve que la lumière peut annuler la lumière, que l'addition de deux lumières peut engendrer l'obscurité : seule la théorie ondulatoire parvient à éclaircir un tel phénomène.

---

36. Cité par Emilio Segré, *Les physiciens classiques et leurs découvertes* (voir bibliographie), p. 105.

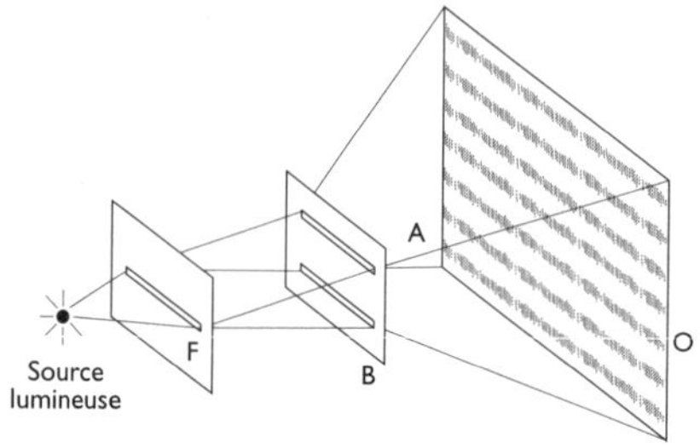

Schéma d'un dispositif pour l'expérience de Young deux fentes percées sur l'écran B.

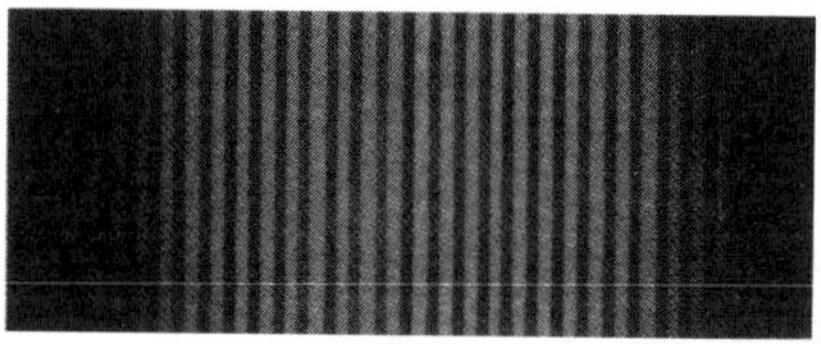

Interférences de Young avec deux fentes.

Young

Thomas Young

Thomas Young (1773-1829), né dans une famille de prospères quakers, sait lire à deux ans et, à l'adolescence, il écrit couramment en anglais, latin, grec, français, italien et apprend vite les langues étrangères. Il mettra bientôt à profit ce don superbe pour commencer à déchiffrer les hiéroglyphes. D'ailleurs, à ce sujet, une pénible discussion va l'opposer à Champollion pour savoir lequel des deux avait décrypté le premier l'écriture des pharaons.

À l'exception de la médecine et de l'enseignement, Young réussit tout ce qu'il entreprend. En 1803, il devient professeur de physique à la Royal Institution de Londres. Le séjour est bref car il manque de pédagogie : il ne sait pas se mettre au niveau de son auditoire. Dilettante et touche-à-tout, il manque de persévérance et abandonne rapidement son sujet. On explique cela par sa curiosité effrénée, mais aussi par son aisance matérielle, confortée encore plus par l'héritage qu'il reçoit d'un oncle richissime.

L'incroyable diversité de ses contributions est visible dans cette (petite) liste : il donne son nom en résistance des matériaux à un « module de Young », en physiologie à une « théorie de la vision de Young-Helmholtz », il se charge de nombreuses entrées de l'*Encyclopaedia Britannica*, notamment sur l'accommodation, l'alphabet, la couleur, l'Égypte, les forces capillaires, les hiéroglyphes, les marées, le mouvement, les navires, l'œil, les ondes, la rosée, le son, etc. Le chimiste Humphrey Davy, a dit de lui : « S'il s'était limité à un quelconque des domaines de la connaissance, il y aurait été le premier. (...) Ses connaissances étaient tellement étendues qu'il était difficile de déterminer ce qu'il ne savait pas. »[37]

À partir de 1815, Young s'occupe de mettre de l'ordre dans l'anarchie métrologique anglaise : le gouvernement le charge en effet d'imiter les Français qui avaient bâti le système métrique décimal. Ces travaux se concluent en 1824 par l'adoption d'un système fondé sur la longueur du pendule qui bat la seconde à Londres.

Pendant ce temps, de l'autre côté de la Manche, le Français Fresnel développe une théorie optique qui coïncide beaucoup avec celle de Young, mais qui la complète dans d'autres domaines.

Fresnel

Augustin Fresnel naît en 1788, alors même que la France vit la famine et les prémisses de la Révolution. Son père est architecte et sa mère appartient à une famille qui deviendra bientôt célèbre : elle est la sœur du peintre Léonor Mérimée, le père de Prosper. En 1790, les Fresnel s'installent à Cherbourg pour fuir les désordres révolutionnaires.

37. Cité par J. Rosmorduc, V. Rosmorduc, F. Dutour, *Les révolutions de l'optique et l'œuvre de Fresnel* (voir bibliographie), p. 41.

Augustin Fresnel
Gravure de Tardieu d'après une peinture d'Anne Moreau

Augustin débute ses études avec difficulté : à huit ans, il sait à peine lire. Il compense cependant ce handicap par une grande habilité manuelle. À treize ans, il entre à Caen dans une des Écoles centrales que la Convention avait créées (1795) à raison d'un établissement pour 300 000 habitants. Malgré sa santé fragile, il intègre trois ans après l'École polytechnique, puis l'École des ponts et chaussées, d'où il sort avec un diplôme d'ingénieur de travaux publics. Il part exercer en Vendée, département qui souffre encore de la terrible guerre des Chouans.
Il se trouve à Nyons lorsque Napoléon, en 1815, fausse compagnie à ses geôliers dans l'île d'Elbe et vient bouter les Bourbons hors de Paris. Fresnel qui prend résolument parti pour les royalistes, s'enrôle alors contre l'Empereur, et tombe donc en disgrâce, heureusement pour lui... pendant cent jours seulement, durée de l'éphémère aventure de Napoléon. Fresnel sera ensuite réintégré dans ses fonctions et mènera une vie paisible jusqu'à sa mort en 1829.

La diffraction

À partir de 1813, Fresnel, aidé par un serrurier, construit plusieurs dispositifs qui confirment la nature ondulatoire de la lumière.

Ceci n'est certainement pas innovateur, on le sait, mais le travail de Fresnel est original et indépendant : peu doué pour les langues étrangères, il ne connaît pas les expériences de Young. Plus étonnant encore : celles-ci semblent être ignorées même par d'éminents savants comme François Arago (1786-1853) et Louis-Joseph Gay-Lussac (1778-1850), comme le prouve cet incident survenu à Londres, lorsque ces deux savants informent Young des recherches de Fresnel sur la diffraction de la lumière[38]. Écoutons Arago :

> « Nous étions étonnés des nombreuses restrictions qu'il [Young] apportait à nos éloges [de Fresnel], raconte Arago, lorsque il nous déclara que l'expérience dont nous faisions tant de cas était consignée, depuis 1807, dans son traité de *Philosophie naturelle.* (...) Madame Young quitta brusquement la place. Nous commencions à nous confondre en excuses auprès de son mari, lorsque nous la vîmes rentrer avec le premier volume du traité de *Philosophie naturelle*. Elle le posa sur la table, l'ouvrit, sans mot dire, à la page 387, et nous montra du doigt une figure où la marche curviligne des bandes diffractées, sur laquelle roulait la discussion, se trouve établie théoriquement. »[39]

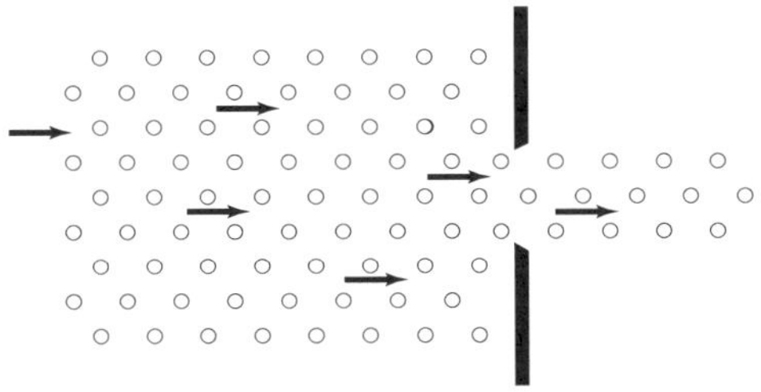

Un faisceau de lumière composé de particules aurait traversé l'écran en ligne droite et formé une seule image semblable à la l'ouverture.

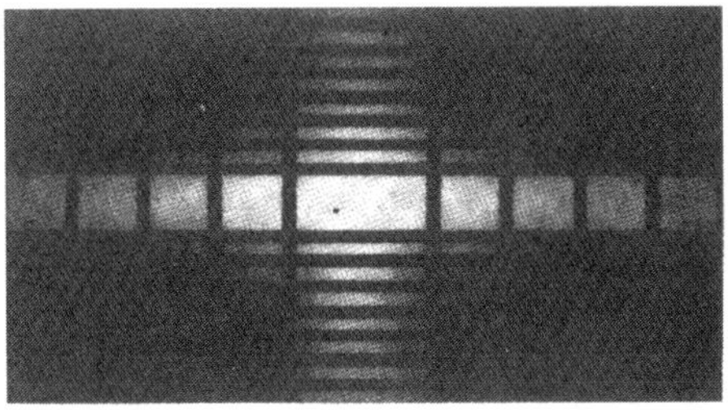

Figure de diffraction avec une ouverture rectangulaire (l'un des côtés étant le double de l'autre) qui montre plusieurs images de l'ouverture. Incompatible avec un « jet de particules », cette figure ne peut s'interpréter que dans le cadre de la théorie ondulatoire.

38. On appelle diffraction le phénomène d'éparpillement de la lumière après qu'elle ait rencontré un obstacle ou une ouverture adéquats.
39. Cité par Emilio Segré, *op. cit.*, p. 115.

La collaboration entre Young et Fresnel est loyale, mais non exempte de ressentiments. Cette absence de conflit est due surtout au profil excessivement bas adopté par Fresnel, comme le montre cette réponse à Young qui lui propose de signer ensemble un article sur la lumière pour l'*Encyclopaedia Britanica*. Fresnel reconnaît l'antériorité des découvertes de Young mais réfute l'interprétation de ce dernier qui disait être l'arbre et Fresnel la pomme que cet arbre aurait produite : sans doute considère-t-il ces découvertes comme concomitantes. Fresnel livre donc un peu son âme :

> « C'est M. Arago qui me parla pour la première fois de la note que vous aviez publiée deux ans auparavant sur le même sujet [...et] ceci ne me donne pas le droit de partager avec vous, Monsieur, le mérite de ces découvertes, qui vous appartient exclusivement par la priorité : aussi ai-je jugé inutile d'informer le public de tout ce que j'avais trouvé de mon côté, mais après vous ; et si je vous en parle, c'est uniquement pour justifier ma proposition paradoxale, que la pomme serait venue sans l'arbre. »[40]

Puis, Fresnel, malade (il mourra peu après), écrit ce paragraphe plein de modestie et d'une touchante humanité :

> « J'ai eu souvent besoin de l'aiguillon de la vanité pour m'exciter à poursuivre mes recherches dans les moments de dégoût ou de découragement ; mais tous les compliments que j'ai pu recevoir de MM. Arago, de Laplace, ou Biot ne m'ont jamais fait autant de plaisir que la découverte d'une vérité théorique et la confirmation de mes calculs par l'expérience. Le peu d'empressement que j'ai mis à publier mes mémoires, dont il n'a guère paru que des extraits, montre que je ne suis pas tourmenté par la soif de la renommée, et que j'ai assez de philosophie pour ne pas attacher trop d'importance aux jouissances de la vanité. »[41]

L'éther

Avec l'adoption de la nature ondulatoire de la lumière, se pose inévitablement le problème de son milieu de propagation, que Fresnel nomme éther, en reprenant un terme ancien, déjà en usage chez les Grecs de l'Antiquité et continuellement utilisé depuis.

Ce milieu forcément transparent doit non seulement être élastique, mais aussi sans couleur, sans saveur, sans odeur et sans masse. En effet, comme la lumière vient du Soleil à la Terre, il y a obligatoirement dans l'espace sidéral de l'éther, qui perturberait le mouvement des planètes s'il devait avoir une masse.

---

40. Cité par E. Segré, *op. cit.*, p. 118.
41. *Ibid.*

On voit ainsi apparaître, par un autre biais, le problème qui avait hanté les débuts de la science newtonienne depuis la publication des *Principia*, concernant alors la transmission de la gravitation à distance. Pire, l'explication de la propagation de la lumière devient inextricable lorsque Fresnel et Young prouvent que la lumière est une onde transversale[42], ce qui exige une condition supplémentaire embarrassante : l'éther doit avoir, en plus, une grande rigidité.

Véritable casse-tête, la question de l'éther sera discutée pendant des décennies. Comme on verra plus loin, elle reviendra au-devant de la scène de manière aiguë à la fin du XIXe siècle avec Michelson et Morley, remettant en cause l'« espace absolu », un des fondements de la théorie de Newton (voir pp. 89-90).

Déflexion de la lumière et trous noirs dans la mécanique de Newton

La découverte de la nature ondulatoire de la lumière a deux conséquences immédiates, qui passent inaperçues pour les hommes du XIXe siècle.

En 1801, l'astronome bavarois Johann von Soldner avait prévu, en supposant que la lumière était un jet de corpuscules, qu'elle devait, elle aussi, être soumise à l'attraction gravitationnelle des astres célestes. Le savant avait même déterminé la déflexion qu'un rayon lumineux rasant de près le Soleil devrait subir : 0,84 secondes d'arc. On verra plus loin que cette question sera au XXe siècle au centre de la validation de la relativité (voir pp. 101-105).

L'abandon de la nature corpusculaire de la lumière a également une conséquence dans l'œuvre de Laplace. Le savant attribuait certainement une masse à la lumière lorsqu'il écrivait ces lignes dans le *Traité de mécanique céleste* :

> « Il existe donc dans les espaces célestes des corps obscurs aussi considérables, et peut-être en aussi grand nombre, que les étoiles. Un astre lumineux de même densité que la Terre, dont le diamètre serait deux cent cinquante fois plus grand que celui du Soleil, ne laisserait en vertu de son attraction, parvenir aucun de ses rayons jusqu'à nous ; il est donc possible que les plus grands corps lumineux de l'Univers soient par cela même invisibles. »

Ce paragraphe que Laplace élimine à partir de la troisième édition de son œuvre est généralement considéré comme annonciateur des « trous noirs »[43] de la cosmologie

42. Une onde est dite transversale si la perturbation qui la provoque est perpendiculaire à sa direction de propagation.
43. Un trou noir est le résultat de l'effondrement d'une étoile massive sur elle-même, créant ainsi un champ de gravité si puissant que même la lumière ne parvient pas à s'en échapper. N'étant pas visible, ceci justifie donc sa dénomination « noir ». D'autre part, comme il « creuse » l'espace autour de lui en « aspirant » toute matière à sa proximité, on l'appelle « trou ».

moderne. Il indique tout au moins que, bien avant la relativité d'Einstein, l'existence de ce genre de corps célestes est parfaitement compatible avec la théorie de Newton[44].

Spectroscopie

Découverte des raies spectrales

Il peut sembler hors de propos de parler ici des raies spectrales, sujet qui était ignoré par Newton. Cependant, cette notion s'avère indispensable pour comprendre l'astrophysique, donc la cosmologie moderne.

On situe généralement la naissance de l'astrophysique en 1666 quand Newton reproduit l'expérience de Grimaldi[45], en décomposant la lumière du Soleil par un prisme, c'est-à-dire par un morceau de verre découpé en forme de triangle.

La lumière du Soleil (dite par définition « lumière blanche ») s'étale alors en un merveilleux spectre contenant toutes les couleurs de l'arc-en-ciel, révélant ainsi qu'elle est la superposition d'une infinité de couleurs entre le rouge et le violet. On explique ce phénomène en attribuant à chaque couleur un indice de réfraction différent.

Indice de réfraction

La célérité de la lumière dans le vide est 299 792 458 m/s. Cependant, dans les milieux matériels transparents (verre, eau, air atmosphérique, etc.), elle dépend de la nature du milieu et de la couleur de la lumière.

Or, le terme « couleur » manque de précision. Il n'apparaît donc dans le langage scientifique qu'indirectement, comme dans l'expression « lumière monochromatique ». Pour différencier les radiations « colorées » entre elles, les physiciens utilisent plutôt la notion de fréquence (nombre d'oscillations qu'un phénomène périodique effectue en une seconde) ou celle de longueur d'onde (la définition de longueur d'onde se trouve p. 77). Les radiations dont les fréquences sont voisines donnent en effet à l'œil la même sensation de couleur.

---

44. Il est intéressant de noter qu'en 1783, donc bien avant Laplace, le révérend John Michell (v 1724-1793) avait lui aussi anticipé les trous noirs avec ces paroles : « Si le demi grand axe [c'est-à-dire, le rayon] d'une sphère de même densité que le Soleil, dépassait le rayon de ce dernier dans la proportion de 1 à 500, alors un objet qui tomberait d'une hauteur infinie sur un tel corps aurait à sa surface une vitesse supérieure à celle de la lumière. Par conséquent, en supposant que la lumière soit attirée par la même force en proportion de sa force d'inertie, alors toute la lumière émise par un tel corps y retournerait par sa propre gravité. » (*On the Means of discovering the Distances, Magnitudes, etc, of the fixed Stars*, communication lue par John Michell à la Royal Society le 27 novembre 1783, *Philosophical Transactions*, 1784, p 35 et suivantes.) Or, les écrits de Michell, géologue et astronome amateur anglais, n'ont pas eu le même retentissement que ceux de Laplace.

45. Francesco Maria Grimaldi (1618-1663), jésuite italien.

La lumière qui nous vient du Soleil, dite « lumière blanche », correspond aux radiations électromagnétiques de fréquences comprises entre 3,75 × 10^{14} hertz (pour le rouge) et 7,50 × 10^{14} hertz (pour le violet).
L'indice de réfraction (« n ») d'un milieu transparent est une grandeur sans dimension, qui se définit comme le rapport de la célérité d'une onde lumineuse dans le vide (« c »), à celle de la même onde dans le milieu considéré (« v »). Mathématiquement, cela se traduit par n = c/v.

En 1800, Herschel détecte le rayonnement infrarouge dans le spectre par l'élévation de la température d'un thermomètre. Il impute correctement cette hausse thermique à une radiation invisible de même nature que la lumière. L'année suivante, Johann Wilhem Ritter (1776-1810) découvre par le noircissement du chlorure d'argent une nouvelle radiation inconnue, l'ultraviolette, au-delà de l'autre extrémité du spectre.

Malgré ces deux révélations essentielles pour l'astrophysique, on ne peut pas encore dire que le spectre du Soleil est connu, puisqu'on ignore toujours les raies d'absorption. En effet, lorsqu'on disperse la lumière solaire par un prisme de bonne qualité, on ne voit pas vraiment une suite continue de couleurs du rouge au violet.

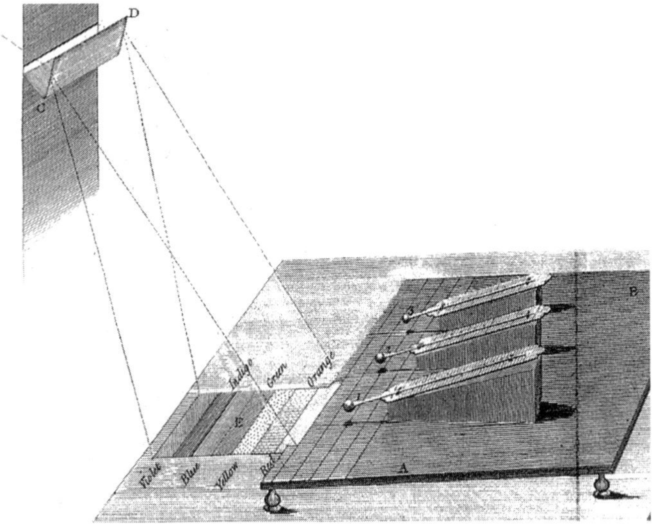

Expérience de Herschel, où l'on voit une rangée de thermomètres et le spectre

Au contraire, on constate par endroits que certaines couleurs bien spécifiques sont absentes. Tout se passe comme si elles avaient été enlevées de l'arc-en-ciel, comme si le milieu les avait absorbées. En raison de leur ressemblance avec des « rayures », elles ont été nommées « raies d'absorption ». Cependant, il s'agit d'un phénomène ultra discret, qu'il faut vraiment chercher à voir. Voici pourquoi ce fait resta inconnu jusqu'au début du XIXe siècle, malgré le nombre de savants intéressés par l'optique dans le passé.

En outre, la mise en évidence des raies d'absorption dans le spectre du Soleil par Wollaston est le fruit du hasard.

Wollaston

Après sept ans d'exercice de la médecine, William Hyde Wollaston (1766-1828) se consacre à la métallurgie, activité financièrement plus avantageuse. Devenu riche par l'invention d'une méthode de traitement du platine, il grave son nom dans les annales de la chimie en découvrant le palladium (1803) – exploit qui le conduit au poste de secrétaire de la Royal Society – et le rhodium (1804). À la fin de sa vie, il s'épuise dans une querelle de priorité avec Michael Faraday (1791-1867) sur l'invention d'un moteur électrique.

Le fait qui rend Wollaston célèbre est celui auquel il accorde le moins d'importance. En 1802, il visualise le spectre du Soleil avec un prisme « défectueux », qui porte une incision sur sa face. Le spectre qu'il aperçoit contient quelques bandes obscures

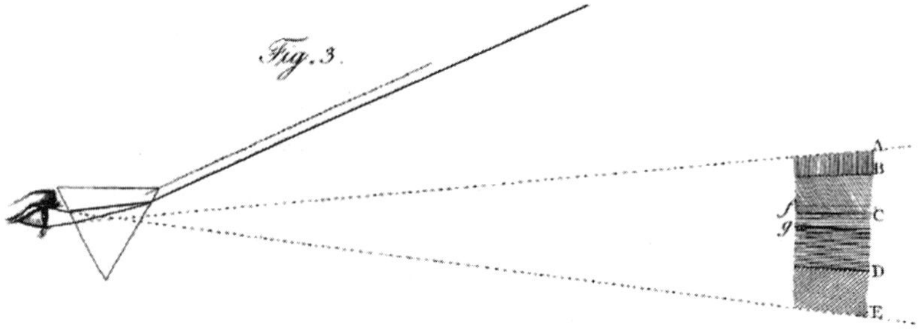

Expérience de Wollaston (*Philosophical transactions* of the Royal Society of London, 1802)

d'épaisseurs variables, formant une suite de traits noirs ressemblant à nos codes barres, sur fond d'arc-en-ciel. Une analyse plus détaillée lui révèle que ces traits ont des positions relatives bien définies. Wollaston trouve cela curieux, mais passe à autre chose : la tâche de classer ces raies échoit quinze ans plus tard entre les mains de Fraunhofer.

Raies de Fraunhofer

Fraunhofer

Joseph von Fraunhofer

Joseph von Fraunhofer (1787-1826), onzième et dernier enfant d'un vitrier de Bavière aux ressources modestes, sait à peine lire quand il est obligé d'aider son père à l'atelier.

Sa mère disparaît quand il a dix ans (elle avait déjà enterré sept enfants en bas âge) et, en plus, l'année suivante, Fraunhofer perd son père. Orphelin, il devient aide menuisier, travail auquel il doit renoncer pour des raisons de santé, et se retrouve apprenti vitrier chez un certain Weilchelberger à Munich.

Assoiffé de connaissance, il lit avidement les livres qui lui tombent entre les mains, et s'inscrit aux cours dominicaux dispensés par la capitale bavaroise. Mais Weilchelberger ne lui permet pas d'assister aux leçons : ce « Thénardier » mesquin et cupide prétend qu'un apprenti est également astreint au ménage au domicile du patron.

La vie de Joseph Fraunhofer change avec l'écroulement de deux maisons de Munich en 1801, dont celle de Weilchelberger. Il est enseveli avec plusieurs autres victimes. Le prince Maximilien Joseph (futur roi Maximilien I), qui visite les accidentés à l'hôpital, apprend les brimades subies par Fraunhofer et intime l'ordre à Weilchelberger de libérer ses apprentis les dimanches, et, par la même occasion, gratifie Joseph de quelques ducats. Dans l'entourage du prince se trouvait Joseph von Utzschneider, qui se laisse impressionner par l'intelligence du jeune blessé. Utzschneider s'intéresse d'autant plus à Fraunhofer qu'il s'apprête à investir dans les instruments d'optique, technique alors non seulement de pointe mais aussi objet d'un négoce prospère : les prouesses de Herschel suscitaient partout l'engouement pour l'astronomie, aussi bien des savants que du public aisé, impatients d'admirer le spectacle des cieux. Ajoutons qu'en cette période de guerres, les généraux, Napoléon le premier, commandent des longues vues en quantité. Utzschneider ouvre donc une manufacture d'appareils optiques, plus particulièrement géodésiques, au moment où les batailles napoléoniennes rendent sans cesse caduques les frontières, imposant la rénovation continuelle des cartes géographiques. Son usine fabriquera également des télescopes et des binoculaires pour assister à l'opéra.

En 1806, Fraunhofer vient polir des lentilles pour Utzschneider : il se retrouve rapidement associé de cette entreprise qui comptera bientôt cinquante ouvriers. Il y apprend à travailler les verres crown et flint, et ne tarde pas à se rendre compte que les performances d'un instrument dépendent fortement de la perfection du verre utilisé. Ainsi, il collabore pendant huit ans avec le Suisse Pierre-Louis Guinand (1748-1824), inventeur d'une technique (en usage pendant plus d'un siècle) de brassage et de cuisson du verre, qui le rend homogène. Le « guinandage » consiste fondamentalement à remuer la masse en fusion avec une tige de bois, à des moments précis. Pour s'assurer de la bonne qualité du produit, Fraunhofer dessine, teste et écrit les notices pour chaque instrument. Il surveille le montage des pièces et contrôle l'indice de réfraction du verre employé en utilisant notamment la raie jaune orangée émise par la vapeur de sodium[46]. Grâce à son travail méticuleux, aussi bien en optique que dans la partie mécanique, les instruments sortis de son usine acquièrent une renommée mondiale : le roi de Bavière, reconnaissant, finira par l'anoblir.

46. Pour la signification d'une raie d'émission, voir l'encart « Lois de Kirchhoff », p. 75.

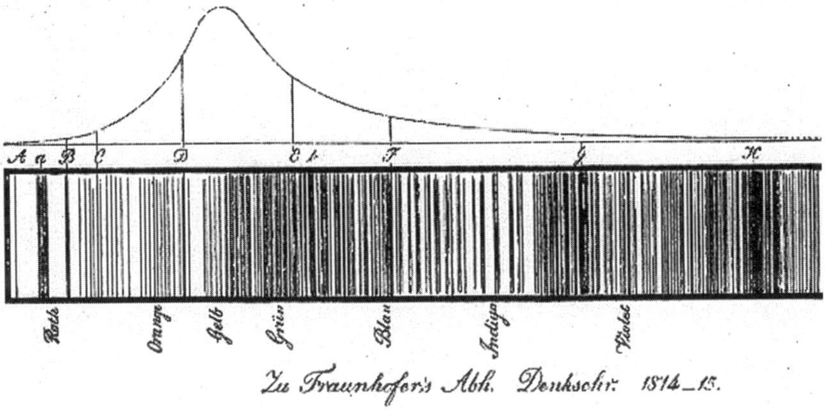

Raies de Fraunhofer
(*Denkschriften der K. Akademie der Wissenschaften zu München*, 1814-1815)

Vers 1813, Fraunhofer fait passer la lumière du Soleil par une fente qu'il oriente ensuite vers un prisme. En visualisant le spectre à l'aide d'une lunette, il note l'existence d'« une grande quantité de lignes verticales, plus ou moins bien marquées », qui avaient échappées à Wollaston. Il constate ensuite que la Lune et les planètes envoient des lumières qui produisent les mêmes raies sombres, ce qui est parfaitement normal : ces astres ne sont que des réflecteurs pour la lumière solaire.

Épuisé avant l'âge, Fraunhofer meurt à trente-neuf ans de la tuberculose, sans avoir eu le temps de décrypter le sens de ces lignes : il laisse donc en héritage 576 raies, les plus visibles étant classées avec des lettres de l'alphabet, nomenclature encore en usage.

Le sens de ces raies restera encore inconnu durant plusieurs années. En effet, avant que Kirchhoff et Bunsen ne révèlent en 1859 leur importance colossale pour la physique, notamment pour l'astrophysique, il fallait améliorer la qualité des observations, domaine où le nom de Lord Rosse s'impose.

Digne héritier de William Herschel, Lord Rosse laissera pour la postérité des observations de nébuleuses qui auront beaucoup d'importance pour l'astronomie et la cosmologie au XXe siècle.

Un télescope géant : Lord Rosse

Lord Rosse

Statue de Lord Rosse à Birr

Fils d'un comte irlandais, William Parsons (1800-1867), représentant de sa région au Parlement, épouse en 1836 Mary Field. Douée dans la technique naissante de la photographie, elle met son art au service de l'astronomie.
William doit attendre le décès de son père en 1841 pour se consacrer à l'étude du ciel : cette mort qui lui apporte le titre de troisième Lord Rosse lui donne également les moyens financiers de mettre en lumière un puissant télescope.

En 1845, Lord Rosse construisit l'objet de ses rêves, un instrument considéré alors comme « gigantesque » de 16,6 m de long, doté d'un miroir en bronze de 1,82 m de diamètre, pesant 3,8 tonnes. Cet instrument qui frappait par sa démesure, fut rapidement baptisé « Léviathan », comme le monstre biblique : il sera, pendant 70 ans, le plus grand télescope du monde. Restauré en 1997 grâce aux photos de son épouse, cet appareil se visite aujourd'hui à Birr Castle (Birr est le nom actuel de Parsonstown).

Le Léviathan

Ce télescope permet d'observer plus finement le ciel, de résoudre en étoiles plusieurs nébuleuses et d'identifier quelques-unes de celles dites « spirales ». Cependant, Lord Rosse, échoue dans sa tentative de distinguer des étoiles dans plusieurs nébuleuses. Il postule donc, avec raison, que certaines peuvent n'être que des masses gazeuses. Mais il ne l'affirme pas péremptoirement, craignant qu'un télescope plus puissant que le sien ne le démente plus tard.

Après sa mort, Johan Ludvig Emil Dreyer (1852-1926) complète et rassemble ses observations dans le *Nouveau Catalogue Général* (1888)[47], l'un des ouvrages que Hubble utilisera au XXe siècle pour identifier des galaxies extérieures à la Voie lactée.

47. En 1781 (puis en 1784), Charles Messier avait dressé l'inventaire d'une centaine de nébuleuses pour mieux distinguer ces objets des comètes, qui étaient au centre de son attention. Les nébuleuses y portaient un numéro qu'on trouve encore dans la littérature, précédé de « M » (comme Messier). Par exemple, M-31 est la galaxie d'Andromède. Voici pourquoi, en 1888, Dreyer nomme son répertoire « *Nouveau Catalogue Général* » (« *New General Catalogue of Nebulae and Clusters of Stars* »), abrégé en NGC.

Lois de la spectroscopie

La spectroscopie n'est pas le résultat d'un travail individuel : de nombreux savants y contribuent simultanément, parmi eux David Brewster (1781-1868), Robert Wilhem (1811-1899), Anders Jonas Angström (1814-1874), Kirchhoff et Bunsen. Mais nous allons restreindre notre étude aux deux derniers.

Kirchhoff

Kirchhoff

Gustav Robert Kirchhoff qui naît en 1824 à Königsberg, commence ses études et sa carrière d'enseignant dans la même université que son célèbre compatriote, Kant. Bien que son nom figure surtout dans les ouvrages d'électricité, il apporte une contribution décisive dans l'étude des corps noirs et en spectroscopie. Après un passage par l'université de Heidelberg, il s'installe à Berlin, jusqu'à sa disparition en 1887.

Vers 1850, Kirchhoff fait la connaissance de Robert Bunsen (1811-1899), le créateur du bec de gaz qui orne toutes les paillasses de chimie : depuis cette date, ils collaboreront étroitement dans le domaine de la spectroscopie. Non seulement ils énoncent les lois qui créent cette discipline, mais inventent aussi le premier instrument digne de s'appeler spectroscope, appareil qui permet d'étaler la lumière pour l'examiner. Kirchhoff s'abîme la vue au cours de cette recherche.

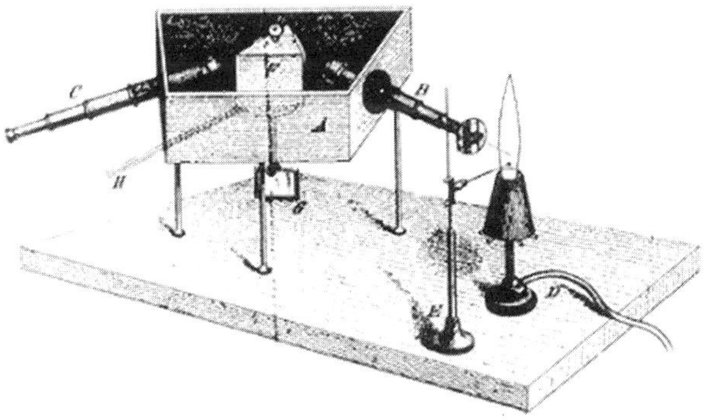

Appareil de Kirchhoff et Bunsen
(*Annalen der Physik*, 1860)

Un moment déterminant dans leur étude survient par hasard, lors d'un incendie sur le port de Mannheim, visible de la fenêtre de leur laboratoire à Heidelberg. En pointant le spectroscope sur les flammes, ils reconnaissent les raies d'émission du baryum et du strontium. Sans tarder, ils courent s'assurer de la présence de ces éléments dans les entrepôts détruits.

Depuis 1850, la communauté scientifique sait qu'une des raies de Fraunhofer dans le spectre du Soleil coïncide avec la raie jaune émise par une vapeur de sodium. Quel sens faut-il attribuer à cette coïncidence ? Est-elle unique ? Voici les questions que se posent Kirchhoff et Bunsen.

Après une série d'expériences commencées en 1855, ils vérifient que la lumière émise par un solide très chaud présente un spectre continu. Encore plus remarquable : ils repèrent un changement dans le spectre lorsqu'ils filtrent cette lumière à travers une enceinte contenant de la vapeur du sodium. En effet, cette vapeur absorbe un peu de couleur du spectre, y créant une raie noire. Et le fait décisif est celui-ci : l'emplacement de cette nouvelle raie coïncide précisément avec la position occupée par la raie jaune émise par le sodium lorsqu'il est échauffé. Il devient donc évident que l'élément sodium absorbe les mêmes raies qu'il est capable d'émettre. Aussitôt mis sur cette piste, les savants recherchent d'autres correspondances analogues et ne tardent pas à établir une corrélation entre les raies lumineuses émises par les vapeurs du fer, du sodium, du calcium et du magnésium avec certaines raies noires qui strient le spectre solaire. Tout naturellement, en 1859, Kirchhoff comprend que « les raies sombres du spectre solaire sont dues à la présence, dans l'atmosphère incandescente du Soleil, de substances qui, dans le spectre d'une flamme, produisent des raies brillantes à la même place ».

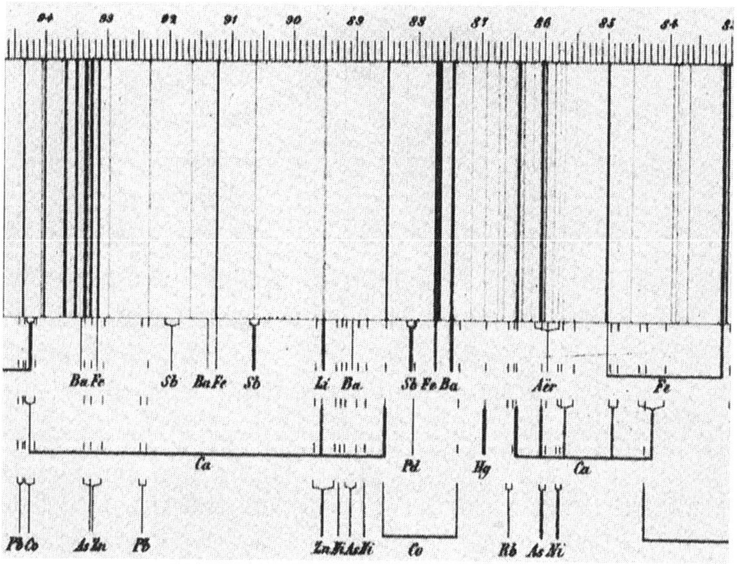

Kirchhoff montre (1863) les correspondances entre des lignes spectrales du Soleil avec certains éléments chimiques. Vue partielle.

Même si Kirchhoff et Bunsen n'arrivent pas à éclaircir la raison de ce comportement, ils tirent une conclusion fondamentale pour l'astrophysique, un résultat qui rend possible la connaissance de la composition des étoiles à partir de leurs lumières. En effet, chaque élément présente un spectre différent, comme chaque personne possède une empreinte digitale.

En identifiant des éléments dans le Soleil, ces deux savants portent un redoutable coup à la pensée d'Auguste Comte qui professait, en effet, qu'on ne saurait jamais connaître la composition des étoiles, faute de pouvoir y aller. Un second démenti cinglant à ce philosophe positiviste vient en 1868 lorsque Joseph Norman Lockyer et Pierre-Jules César Janssen, indépendamment l'un de l'autre, détectent dans le spectre solaire un élément inconnu. On le nomme « hélium », car on le croit alors exclusif au Soleil. Mais en 1895 William Ramsay le repère dans un minerai d'uranium, et Heinrich Kayser dans l'atmosphère terrestre. Malgré cela, cet élément garde son nom.

Comme pour la reconnaissance de l'hélium dans le Soleil, la spectroscopie montre une grande utilité sur notre planète en permettant la mise en évidence d'éléments chimiques ignorés. Au début, on leur attribuera des noms rappelant les couleurs de leurs principales raies spectrales. Par exemple, Kirchhoff et Bunsen identifient en 1860 le césium (du latin *cæsium*, bleu) et rééditent leur exploit en 1861 avec le rubidium, du latin *rubidus* (rouge brun). En Angleterre, la même année, Sir William Crookes annonce le thallium, du grec *thallos* (rameau vert), alors que, deux ans après, en Allemagne, Ferdinand Reich révèle l'indium (dont le nom vient de l'espagnol indigo)[48].

Lois de Kirchhoff

Il existe trois types de spectres : le spectre continu (qui étale une belle aquarelle de couleurs allant du rouge au violet) ; le spectre d'absorption (qui montre une image semblable à la précédente, où manquent cependant une ou plusieurs couleurs, on dit aussi raies) ; le spectre d'émission (où l'on voit des traits brillants sur fond noir).

Première loi : un gaz à pression élevée, un liquide ou un solide, lorsqu'ils sont chauffés, émettent un spectre continu.

Deuxième loi : le spectre d'émission d'un gaz chaud à basse pression contient uniquement certaines raies colorées caractéristiques du gaz.

Troisième loi : le spectre d'absorption d'un gaz froid à basse pression placé entre la lumière blanche et le spectroscope, dévoile un fond continu où manquent certaines couleurs (ou raies) caractéristiques du gaz. Celles-ci correspondent aux mêmes raies qu'il émettrait s'il était chaud.

Début de la spectroscopie stellaire : William Huggins

Un des premiers savants à dresser l'inventaire spectroscopique des étoiles est William Huggins (1824-1910). Passionné d'astronomie et héritier d'une riche famille de drapiers londoniens, il vend ses affaires à trente ans pour bâtir un observatoire privé à Tulse Hill, près de Londres.

48. À partir des années 1870, les savants, cédant à la tentation patriotique, se mettent à nommer les nouveaux éléments d'après leurs nations. Ainsi, Lecoq de Boisbaudran choisit gallium (1874) en hommage à Gallia (France). Il fait en même temps un jeu de mot avec son propre nom, « gallus » en latin signifiant « coq ». En 1879, deux éléments honorent la Scandinavie : Lars Fredrick Nilson opte pour scandium et Per Theodor Cleve choisit thulium comme Thulé, terre mythique qui pouvait être l'Islande, les îles Shetland ou une partie de la Scandinavie. En 1886, Clemens Winckler baptise le germanium d'après Germania, nom latin de l'Allemagne et, en 1898, le couple Pierre et Marie Curie choisit polonium en référence à la Pologne, pays natal de Marie Curie, etc. On rend aussi hommage aux villes : en 1879, Cleve dédie l'holmium à Stockholm dont le nom latin est Holmia et, vingt ans après, en 1907, George Urbain fait de même avec le lutétium, en honneur à Lutetia, nom latin de Paris.

Margaret Lindsay Murray

Aussitôt qu'il apprend les lois de Kirchhoff, il entreprend de les utiliser pour explorer les étoiles. En collaboration avec son épouse férue de photographie, Margaret Lindsay Murray, et un professeur de chimie, ils accouplent un spectroscope à prisme conçu par eux (et qui servira de prototype pour d'autres spectroscopes réalisés par eux-mêmes et par d'autres savants) à un télescope et à un appareil photographique : ils sont donc les pionniers de l'heureuse association télescope-spectroscope-photographie. Ce dispositif qui doit servir à vérifier si les étoiles, à l'instar du Soleil, comportent les mêmes éléments que la Terre permet d'enregistrer les spectres des astres en vue de les comparer avec d'autres obtenus en laboratoire. Ceci ouvre également la porte à la production de catalogues, utiles pour d'autres astronomes.

Huggins et ses compagnons commencent par diriger leur appareil vers Aldébaran et Bételgeuse, où ils retrouvent les mêmes éléments que sur le Soleil. Fait curieux, lorsque vient le moment d'étudier les nébuleuses, le savant est pris d'angoisse. Le mot est faible : il est transi de peur ! Le journal intime d'Huggins en garde la trace : « Ne m'apprêtais-je pas à examiner un lieu secret de la Création ? », y consigne-t-il en août 1864. Il saute pourtant le pas, même s'il avoue une « attente émue, mêlée d'une pointe de crainte révérencielle » :

> « Après quelques moments d'hésitation, j'approchais mon œil du spectroscope, et je pointais le télescope pour la première fois vers une nébuleuse planétaire dans le Dragon. (...) Je regardais dans le spectroscope. Le spectre que j'y vis n'était pas celui

que j'attendais ! Une seule raie brillante ! Tout d'abord je supposai que le prisme s'était déplacé dans l'instrument... puis soudain, la vérité m'apparut. Le mystère des nébuleuses était résolu (...). La réponse était écrite dans la lumière, il fallait lire, cette nébuleuse n'est pas une accumulation d'étoiles, mais un gaz lumineux. Des étoiles auraient donné un spectre différent ! »[49]

Soulagé de n'avoir rien aperçu d'indiscret par le trou de la serrure, Huggins vient de formuler une loi fondamentale pour l'astronomie spectroscopique : si le spectre d'une nébuleuse contient très peu de raies, alors elle se compose uniquement de gaz.

À partir de 1866, Huggins mesure la vitesse radiale des étoiles avec l'effet Doppler (voir encart ci-dessous) et publie l'*Atlas of representative stellar spectra* (1899), ouvrage qui le propulse à la tête de la Royal Society de 1900 à 1906. Mais la question des distances dans l'Univers restera en suspens pendant plusieurs années, en attendant Henriette Leavitt, dont on parlera plus loin (voir pp. 111-113).

L'astrophysique paraît avancer paisiblement, les travaux des savants étant immédiatement acceptés par d'autres qui s'en servent pour faire progresser la connaissance humaine.

Cette image d'Épinal (vraie dans beaucoup de domaines) sera cependant contredite au XIXe siècle par deux études qui vont provoquer de véritables séismes : en biologie on retrouvera le nom de Darwin et en physique celui de Michelson ; après eux, rien ne sera plus comme avant.

Effet Doppler-Fizeau

L'effet Doppler a été énoncé par l'Autrichien Christian Doppler (1803-1853) en 1842. Il s'agit du changement apparent de fréquence d'un son émis par un corps en mouvement d'approche ou d'éloignement (pour la définition de fréquence, voir p. 64). Par exemple, le son émis par la sirène d'une ambulance semble plus aigu lorsqu'elle s'approche et plus grave lorsqu'elle s'éloigne.
À la place de la fréquence, on utilise souvent la longueur d'onde, c'est-à-dire l'espace parcouru par une vibration pendant une période (ou durée d'une oscillation). Cette grandeur varie comme l'inverse de la fréquence : plus la fréquence est élevée, plus la longueur d'onde correspondante est petite, et vice-versa.
Dans les schémas ci-dessous, nous avons figuré les ondes sonores émises par une sirène à l'aide de sinusoïdes. Les longueurs d'ondes correspondent à la distance séparant deux maximums consécutifs des sinusoïdes représentées.

49. W. Huggins, « The New Astronomy : A Personal Retrospect », *The Nineteenth Century*, 41, juin 1897, pp. 916-917. Cité par Stanley Jaki, *The Milky Way : An Elusive Road for Science*, David & Charles, 1973, pp. 269-270.

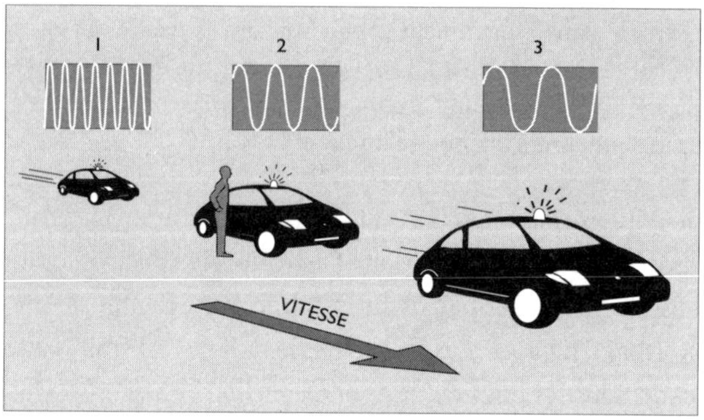

La figure montre une personne dans trois situations différentes :

1) la voiture s'approche, la longueur d'onde du son semble plus petite ;
2) la voiture est immobile au niveau de la personne, c'est la longueur d'onde de référence ;
3) la voiture s'éloigne, la longueur d'onde du son semble plus grande.

Le Français Hippolyte Fizeau (1819-1896) étend en 1848 l'effet Doppler aux ondes lumineuses. On parle alors d'effet Doppler-Fizeau, utile pour mesurer la vitesse radiale des étoiles, c'est-à-dire la vitesse suivant la droite qui va de la Terre à l'étoile. Notons cependant que dans le cas de la lumière, les fréquences sont associées aux couleurs. Ainsi, les fréquences les plus élevées (donc les longueurs d'onde les plus courtes) sont celles du violet, et les plus faibles (donc les longueurs d'onde les plus grandes) celles du rouge.

Voici comment on applique l'effet Doppler-Fizeau en astronomie : si on observe que le spectre d'un élément présent dans une étoile (par exemple l'hydrogène) est décalé vers le rouge, on déduit que cette étoile s'éloigne de nous. Et l'inverse si ce spectre va vers le bleu (voir figure p. 111).

Victoire de l'idée d'évolution : Darwin

Le darwinisme

Il peut paraître curieux qu'un livre sur les représentations de l'Univers parle de Darwin. Il n'y a là rien d'étonnant. Ce savant qui représente la victoire du concept d'évolution marque une étape fondamentale dans la formation de notre mentalité scientifique.

Non seulement le darwinisme impose la notion d'évolution dans le règne animal et végétal, mais favorise aussi son apparition en astronomie et son épanouissement en géologie. Jusqu'à Darwin, l'idée que les étoiles pouvaient naître et mourir, ou que la Terre pouvait avoir une histoire, semblait presque aussi saugrenue pour la plupart des savants que l'évolution de l'espèce humaine à partir d'un ancêtre animal.

Darwin n'est certes pas l'inventeur du concept d'évolution : Lamarck[50] par exemple s'était déjà fait l'apôtre du transformisme et Robert Chambers de l'évolution (*Vestiges of Natural Creation*, ouvrage non signé, 1844). Mais entre Darwin et ses devanciers, il y a autant de différence qu'entre Copernic et Galilée : le premier proposait l'idée du mouvement de la Terre, le deuxième avançait des preuves.

Darwin

Charles Darwin

Fils d'un médecin libre penseur, Charles Robert Darwin (1809-1882) est le petit-fils d'un déiste, le physiologiste Erasmus Darwin, auteur de *Zoonomia* (1794-1796), ouvrage qui plaide pour un transformisme semblable à celui de Lamarck, et mis à l'Index.

50. Jean-Baptiste de Monet de Lamarck (1744-1829), ami et disciple de Buffon, soutient que les êtres vivants dérivent de formes plus anciennes. Il privilégie l'influence de l'environnement dans *Recherches sur l'organisation des corps vivants* (1802). En France, on utilise habituellement le mot « évolution » pour désigner la théorie de Darwin et « transformisme » pour celle de Lamarck, toutes les deux admettent que les espèces végétales et animales, loin d'être figées, se transforment au cours des temps.

Pendant son enfance, Darwin se montre insouciant et peu enclin aux études. « Lorsque je quittai l'école, reconnaît-il dans son autobiographie, je n'y avais pour mon âge ni avance ni retard, et je crois que j'étais considéré par tous mes maîtres et par mon père comme un garçon très ordinaire, plutôt au-dessous du niveau moyen. » Puis, le savant ajoute ceci pour le plus grand bonheur des biographes à venir : « À ma profonde mortification, mon père me dit un jour : Tu ne te soucies de rien d'autre que de chasse, de chiens et d'attraper des rats, et tu seras une honte pour toi-même et pour ta famille. »

Lorsque Charles Darwin quitte le collège d'Édimbourg à seize ans, il envisage la carrière de pasteur anglican. Il change cependant d'avis en 1831 pour intégrer l'expédition du *Beagle*, navire en partance pour cinq ans vers les îles de l'Atlantique, du Pacifique et de l'Océanie, et conduit par le capitaine Robert FitzRoy. Ce dernier, descendant des Stuart, esclavagiste et fondamentaliste biblique intransigeant, était sur le point de lui refuser l'accès à son navire en raison… de la forme de son nez ! En effet, le capitaine qui était physiognomoniste prétendait pouvoir déceler le caractère d'autrui d'après son visage.

Darwin doit sa renommée à l'escale dans les Galápagos, où il ramasse une fabuleuse quantité de matériel. Après son retour en Angleterre, il s'installe, pour des raisons de santé, dans le Kent.

Sur le pont du *Beagle*, Darwin réfléchit sur ces « animaux d'espèces presque semblables qui se remplacent les uns les autres à mesure qu'on avance vers le sud du continent ». Incapable de comprendre jusqu'en 1836 pourquoi « les espèces se modifient graduellement », il a une illumination en lisant l'*Essai sur le principe de population* (1798) de Thomas Robert Malthus. Cet ouvrage lui fait réaliser l'importance de la lutte pour l'existence dans le monde vivant. Darwin en tire donc cette idée remarquable que les circonstances favorables avantagent certains individus, et provoquent la destruction des moins privilégiés : « Le résultat de ceci serait la formation de nouvelles espèces. J'étais enfin arrivé à formuler une théorie. »

Encouragé par le botaniste Joseph Hooker, le zoologiste Thomas Huxley et le géologue Charles Lyell, Darwin rédige deux résumés (en 1842 et 1844) où figurent déjà les éléments importants de sa thèse future. Mais il ne les publie pas pour ne pas « passer pour un imbécile » : il y a « plus de coups à ramasser que de sous », dit-il pour se justifier. Son état d'esprit change pourtant lorsque Alfred Russel Wallace élabore une thèse voisine de la sienne : d'ailleurs, les deux savants vont bientôt présenter ensemble un mémoire devant la Linnean Society en juillet 1858. Darwin sait maintenant qu'il perdra la primauté s'il ne publie pas sa théorie immédiatement. Voici pourquoi il se hâte de faire paraître *De l'origine des espèces au moyen de la sélection naturelle* (1859), dont la première édition (1 250 exemplaires) s'épuise le jour même. Le fait que Wallace et Darwin étudient simultanément l'évolution nous révèle combien cette idée était alors un objet de recherche. La plus grande notoriété de l'auteur de l'*Origine des espèces* vient de la somme gigantesque de preuves qu'il exhibe.

Le livre de Darwin repose sur le constat que l'environnement influence le développent de tel ou tel organe des êtres vivants dans leur lutte pour la survie. Les individus dotés de variations favorables survivent plus facilement et transmettent leurs caractères à leur descendance. Appelée « sélection naturelle », cette action se déroule sur une longue période, conduisant à l'extinction des espèces moins perfectionnées et à l'apparition d'autres plus adaptées. Cette idée reste toujours d'actualité, moyennant certains remaniements.

Les Églises et le darwinisme

Le darwinisme est le plus redoutable défi jamais lancé à la foi chrétienne.

L'émotion dans l'Église tient à la valeur antireligieuse que l'on prête immédiatement à l'*Origine des espèces*. Dans la forme, il s'agit d'un reproche injuste : Darwin y adopte le ton de la prudence et du respect. Mais les ecclésiastiques relèvent surtout la flagrante contradiction avec la Bible, où il est écrit : « Que la Terre produise des êtres vivants selon leur espèce : bestiaux, bestioles, bêtes sauvages selon leur espèce. » (Genèse 1-24) Et le rédacteur de la Genèse insiste lourdement sur le mot « espèce » : « Dieu fit les bêtes sauvages selon leur espèce, les bestiaux selon leur espèce et toutes les bestioles du sol selon leur espèce. »

En comparaison avec celles de Darwin, les idées de Copernic et de Buffon sont secondaires : que la Terre soit au centre du monde ou le Soleil, que notre planète soit plus âgée ou plus jeune, la religion reste identique. Mais dire que Dieu n'a pas créé les espèces vivantes telles qu'elles sont corrobore les fondements de l'enseignement chrétien. En outre, le darwinisme et tous les autres transformismes charrient deux effets pervers : d'abord, ils ruinent la notion de péché originel commis par le premier couple, ensuite ils attribuent la complexité des organismes vivants à l'adaptation au milieu naturel. Or, la variété des formes de la nature et la beauté de ses couleurs étaient à l'époque (et le sont toujours) de puissants arguments créationnistes pour « prouver » l'existence de Dieu. Répétons-le : jusqu'aux thèses transformistes, même des déistes comme Voltaire croyaient à cette façon de penser.

Thomas Huxley

Samuel Wilberforce

Pas étonnant donc qu'un torrent d'insultes salue le darwinisme en Angleterre. En 1860, Samuel Wilberforce, évêque d'Oxford, tire le premier, sans sommation, devant la British Association : le darwinisme est non seulement immoral, dit-il en substance, mais aussi incompatible avec le nom de Dieu car il fait descendre l'homme du singe. Cette observation étonne Thomas Huxley, l'ami fidèle de Darwin, présent dans la salle : aucune allusion à l'ascendance animale de l'homme ne figure dans l'*Origine des espèces*. Cependant, l'évêque, très adroit, avait poussé la logique darwinienne à son terme. En effet, Darwin étendra l'évolution à l'homme en 1871 dans *La Filiation de l'homme et la sélection liée au sexe*. Wilberforce qui ne s'arrête pas à cette charge interpelle directement Huxley, vibrant avocat du darwinisme : « Monsieur Huxley, est-ce par votre grand-père ou votre grand-mère que vous descendez du singe ? », a-t-il demandé en se frottant les mains, habitude qui avait valu à cet évêque le surnom de « savonnette ». Julian, le fils de Thomas Huxley, raconte la vive réaction de son père[51] :

51. Julian Huxley, *Life and letters of Thomas Henry Huxley*, Londres, Macmillan, 1903.

« Il est préférable d'être un singe perfectionné qu'un Adam dégénéré », réplique Huxley en avançant vers la tribune. Habitué aux discussions à chaud, Huxley continue plein de fougue :

> « S'il est un ancêtre dont le souvenir me remplirait de honte, il est celui d'un homme qui se lance dans des querelles auxquelles il ne connaît pas grand-chose, uniquement pour obscurcir le débat avec une rhétorique vaine, et de détourner ainsi ses auditeurs en recourant aux préjugés religieux. »

L'émotion dans la salle est à son paroxysme : une femme s'évanouit, et le capitaine FitzRoy, également dans l'auditoire, brandit la Bible en criant « voici le Livre ! ». En effet, la presque totalité des croyants de l'époque n'imaginent pas qu'on puisse toucher au récit d'Adam et Ève et le transformer en mythe.

Wilberforce ne fait qu'ouvrir le bal : une avalanche d'injures va se déverser sur Darwin et sa théorie. Mais il y aura aussi des défenseurs du darwinisme, recrutés dans tous les horizons. La dispute avive en effet le combat scientiste qui prône ouvertement la prééminence de la science sur la religion : « Organiser scientifiquement la société – écrit par exemple Ernest Renan en 1848 dans l'*Avenir de la science*[52] – tel est donc le dernier mot de la science humaine, telle est donc son audacieuse mais légitime prétention. » Cette intention semble séduisante pour nombre d'Européens, plus particulièrement pour les Anglais qui attribuent leur prospérité économique et sociale aux

Darwin caricaturé en singe

52. Ce livre n'a été publié qu'en 1890.

avancées technologiques (en oubliant très opportunément l'exploitation coloniale) : entre 1860 et 1880, leur budget est excédentaire malgré les baisses d'impôt. Beaucoup de savants s'en remettent désormais à la science pour résoudre les maux matériels de l'humanité, et aussi pour guérir ses douleurs morales. Cette deuxième prétention atteint les Églises, aussi bien catholique que réformées, en plein cœur : elles veulent être les seules à juger ce qui est bon ou mauvais pour l'homme.

Un autre danger idéologique pour les Églises vient des philosophies ouvrières qui fleurissent partout après les révolutions européennes de 1848, où l'on rencontre les noms de Marx, Proudhon, Blanqui et bien d'autres.

Cependant, la menace la plus immédiate pour Pie IX est nationale : un ardent patriote italien, Garibaldi, s'approche de Rome en 1860 avec une forte armée. Seule l'intervention de l'empereur français, Napoléon III, l'empêchera de prendre la ville. Ainsi, l'avancée du darwinisme devient irrésistible dans la décennie 1860, à la fois en raison de sa valeur intrinsèque, comme aussi, nous l'avons vu, pour des raisons politiques. Voici comment Jacques Roger la décrit :

> « Partout, la cause de la science se trouva liée à celle d'un progrès politique refusé ou entravé par le pouvoir des Églises. Dans cette atmosphère, la publication de l'*Origine des espèces* de Charles Darwin (1859) eut un succès public retentissant. La théorie de l'évolution, scientifiquement démontrée, ruinait la théologie naturelle anglaise et, plus généralement, le créationnisme et le spiritualisme chrétiens. Elle devenait ainsi une arme entre les mains des intellectuels progressistes. La Préface que Clémence Royer mit en tête de la première traduction française du livre (1862) est un hymne au progrès, à la démocratie, au féminisme, à la ruine de l'obscurantisme chrétien. Par la suite, c'est parmi les anthropologues et les biologistes républicains que l'évolution, sinon le darwinisme, trouva ses plus ardents défenseurs. En Allemagne, Ernst Heinrich Haeckel [1834-1919] fonda sur l'évolution une nouvelle philosophie, le monisme, qui devait remplacer un christianisme haïssable et périmé et dont il se fit le propagandiste infatigable. En Italie ou en Espagne, Darwin, Spencer [philosophe anglais, 1820-1903] et Haeckel devinrent les héros de la pensée moderne. »[53]

Quelques prélats, agacés par le combat positiviste, se méfient maintenant du progrès et de la science et se demandent même à haute voix si la science n'est pas une entreprise vaine car la justification des phénomènes naturels se trouve dans la Bible : tout ce qui existe relève de la volonté du Créateur. En revanche, certains croyants en Europe et aux États-Unis sont tentés par le darwinisme : en effet, en 1863, des intellectuels catholiques ressentent le besoin de se rassembler à Munich pour réclamer la

53. Jacques Roger, *Encyclopédie Universalis*, article : « Science et christianisme ».

liberté de recherche. Réunis sans l'autorisation préalable du Vatican, ils se voient condamnés personnellement par Pie IX. Le souverain pontife rappelle aux savants qu'ils doivent obéissance aux décisions des Congrégations, et affirme que la recherche scientifique n'a guère plus de sens :

> « Parmi les catholiques adonnés à l'étude des hautes sciences, dit le pape, il en est (...) qui ne se sont pas laissé arrêter par la crainte de rencontrer l'erreur, et qui, en voulant pour la science une liberté trompeuse et très peu sincère, ont été entraînés au-delà des limites qui ne peuvent être franchies à moins de renoncer à l'obéissance due à l'autorité divine que l'Église a reçue. » [54]

Peu après, Pie IX sonne le tocsin avec le *Syllabus* (1864), recueil « contenant les principales erreurs de notre temps ». Ce texte qui ne s'occupe pas directement de science (il ne cite même pas le darwinisme), se charge de cadrer la réaction de l'Église face aux périls. Il stigmatise le panthéisme, l'idée que toutes les religions se valent, le communisme, les francs-maçons, la séparation de l'Église et de l'État, etc., et, en ce qui concerne notre étude, le rationalisme, visage de la science moderne. En 1870, le pape complète cette disposition par la proclamation de l'infaillibilité pontificale lorsqu'il parle *ex cathedra*, c'est-à-dire lorsqu'il remplit « sa charge de pasteur des chrétiens ». D'après ce texte, Pie IX déclare désormais que les papes sont infaillibles. N'étant pas rétroactif, ce document exclut donc de son champ d'application les dogmes erronés du passé comme le géocentrisme, l'immobilité de la Terre, etc. En revanche, il couvre la catéchèse sur Adam et Ève, sur le Déluge, etc.

Il faut comprendre cependant le contexte historique de cette décision d'infaillibilité. Prise en juillet 1870, elle survient alors que la garnison française qui protège Rome quitte la ville, abandonnant le pape à son sort. En septembre, les troupes de Victor Emmanuel II transforment donc Rome en capitale de l'Italie unifiée et dépouillent le pontife de son reste de pouvoir temporel. Le pape, infaillible depuis seulement deux mois, se considère désormais prisonnier dans le palais du Vatican, seul réduit où il exerce encore sa souveraineté. Mais l'affaiblissement de l'Église ne signifie pas que l'opposition au darwinisme se soit arrêtée : elle sera plus ou moins vigoureuse selon les époques et les lieux.

Il faut cependant signaler un fait nouveau significatif dans l'Église catholique : en 1950, l'Encyclique *Humani generis* reconnaît, enfin, que l'évolution est une « hypothèse » scientifique sérieuse. Jean-Paul II ira encore plus loin dans son discours à l'Académie pontificale des sciences en octobre 1996 :

---

54. Cité par Georges Minois, *op. cit.*, p. 232.

> « Aujourd'hui, près d'un demi-siècle après la parution de l'Encyclique [*Humani generis*], de nouvelles connaissances conduisent à reconnaître dans la théorie de l'évolution plus qu'une hypothèse. Il est en effet remarquable que cette théorie se soit progressivement imposée à l'esprit des chercheurs, à la suite d'une série de découvertes faites dans diverses disciplines du savoir. »

Pourtant la résistance au darwinisme reste tenace parmi les catholiques « traditionalistes ». En outre, cette théorie est bannie de l'enseignement dans certains pays et sujet tabou pour les fondamentalistes, qu'ils soient chrétiens, musulmans ou juifs. Aux États-Unis par exemple, on a intenté au XXe siècle un procès à un enseignant qui l'avait professée.

Disons simplement, que la théorie de l'évolution ouvrira la porte aux renouvellements. En astronomie, par exemple, l'idée que les étoiles peuvent naître et mourir viendra plus naturellement à l'esprit des savants. Il est temps maintenant de parler des bouleversements en physique, qui commencent avec l'expérience de Michelson.

Un exemple des difficultés pour enseigner l'évolution

En 1925, John Thomas Scope fut condamné à une amende au Tennessee pour avoir expliqué le darwinisme. Ce procès retentissant, cassé deux ans après, ne doit pas faire oublier d'autres enseignants alors renvoyés sans bruit dans l'Oklahoma, la Californie, la Caroline du Nord, etc.

En 1981, la Creation Science Research Center de San Diego attaque l'État de Californie pour son enseignement de l'évolution dans les écoles publiques au prétexte qu'il porte atteinte à la liberté religieuse. Interpellé le 16 avril de la même année, Ronald Reagan, alors gouverneur de Californie et candidat à la présidence de la République, déclara : « L'évolutionnisme est seulement une théorie que la communauté scientifique ne croit plus aussi infaillible qu'on l'a cru autrefois. En tout cas, si l'on décide de l'enseigner dans les écoles, je pense qu'on devrait aussi enseigner le récit biblique de la Création. » (Ces informations viennent de Pierre Thuillier, « Bible et science : Darwin en procès », *La Recherche*, n° 123, juin 1981, pp. 710-719).

Actuellement, dans certains États de la fédération, les enseignants rencontrent de plus en plus de difficultés à enseigner l'évolution, particulièrement au niveau du primaire et du secondaire, notamment après l'arrivée de George W. Bush à la présidence des États-Unis. D'après une compilation du National Center for Science Education en 2003, trente-sept demandes d'intégration du créationnisme dans les programmes scolaires ont été enregistrées au niveau des États américains. Par treize voix contre quatre, l'État du Ohio, par exemple, a approuvé l'inclusion d'un chapitre intitulé « Analyse critique de l'évolution » dans un livre pédagogique de biologie (ces informations viennent de *Science et Pseudo-sciences,* n° 263, juillet-août 2004, p. 2, revue de l'Association Française pour l'Information Scientifique [www.pseudo-sciences.org]).

Crise de l'espace absolu de Newton : Michelson

Le « vent d'éther »

D'origine polonaise, Albert Abraham Michelson (1852-1931) apporte en 1907 à son pays d'adoption, les États-Unis, le prix Nobel de physique. Curieusement, il ne le doit pas à une réussite, mais à un échec, ce qui constitue un cas unique dans les annales de la science.

Comme la totalité des savants de son temps, Michelson croit à l'existence de l'éther remplissant aussi bien les interstices des corps terrestres que l'espace sidéral. Il se donne donc pour but d'établir la vitesse de la Terre par rapport à ce milieu, supposé en repos absolu.

En 1881, en Allemagne, il échoue dans une première tentative. En 1887, il reprend son expérience avec Edward William Morley (1838-1923) à Cleveland (États-Unis). Ils entendent exploiter la transformation galiléenne des vitesses. Expliquons-la : si deux véhicules roulent en sens contraire, l'un avec la vitesse **V** par rapport au sol et l'autre avec **v**, ils s'approchent respectivement avec la vitesse relative **V** + **v**. Inversement, s'ils roulent dans le même sens, ce sera **V** – **v**.

Albert Michelson

Pour appliquer ces formules, le grand problème vient de la célérité de la lumière qui approche 300 000 km/s. Y a-t-il un objet se déplaçant suffisamment vite pour y provoquer une altération notable ? Les deux chercheurs reprennent l'idée géniale que Michelson avait déjà mise en œuvre en Allemagne, celle d'exploiter le mouvement annuel de la Terre. En effet, notre planète voyage autour du Soleil à la vitesse d'environ 30 km/s. Comparé à la célérité de la lumière, c'est peu. Mais, raisonnablement, il n'y a pas mieux. Si l'on confronte les vitesses de la Terre et de la lumière, on s'aperçoit aisément que les savants doivent mesurer à 1/10 000 : ils ne peuvent donc rien négliger.

L'expérience des deux savants consiste à mesurer la célérité de la lumière dans deux situations différentes : lorsqu'elle arrive dans le sens du mouvement de la Terre et, ensuite, dans la direction orthogonale. De la différence entre les deux valeurs, ils comptent établir, par rapport à l'éther, à la fois la célérité de la lumière et la vitesse de la Terre. On parlait alors de mesurer le « vent d'éther ». Ce terme est impropre : pour la science de cette époque, l'éther constituait, certes, un support pour la propagation de la lumière, mais il était aussi « le » repère absolu, synonyme dans ce cas d'« espace absolu ».

Expérience de Michelson-Morley

En entrant dans l'appareil, l'onde lumineuse venant de S se divise en deux parties égales sur la lame semi argentée P, inclinée de 45°. L'une va vers le miroir M_1 et l'autre vers le miroir M_2. Les deux ondes réfléchies par les miroirs reviennent sur P, où elles se rejoignent et se recomposent. Considérons l'onde résultante envoyée vers l'observateur : ses deux parties y arrivent en formant une frange lumineuse centrale entourée d'une série d'autres franges sombres et brillantes alternées, dont la position dépend de la différence des durées de parcours des deux ondes composantes. On appelle cela une figure d'interférences.

La moindre altération dans le parcours de l'une ou l'autre de ces ondes provoque un déplacement latéral de cette figure, aisément mesurable en comparant la nouvelle et l'ancienne position de la frange centrale.

Voici le raisonnement des savants en sachant que l'appareil se déplace avec la Terre (qu'il est donc immobile pour l'observateur terrestre). En nommant c la célérité de la lumière dans l'éther et v la vitesse de la Terre par rapport à l'éther, on peut écrire dans le cadre de la cinématique de Galilée et Newton, que la célérité de la lumière relativement à l'observateur terrestre est :

a) $(c - v)$ pour aller de P à M_1, $(c + v)$ pour revenir de M_1 à P ;

b) $\sqrt{c^2 - v^2}$ entre P et M_2, aussi bien à l'aller qu'au retour.

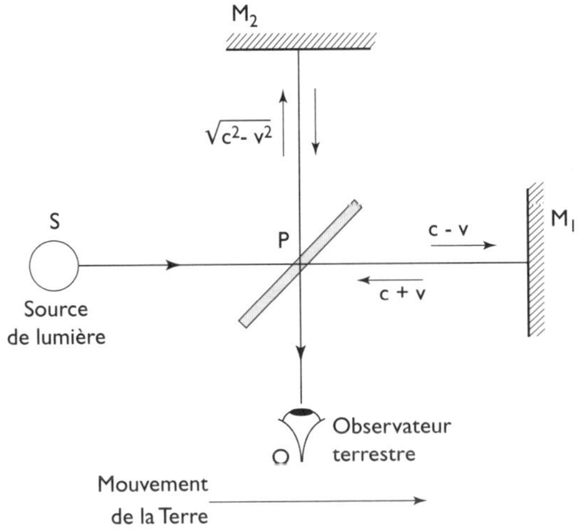

Schéma simplifié du dispositif de Michelson-Morley

S'il existe un « vent d'éther », les deux ondes composantes doivent arriver décalées dans le temps en O puisque les durées de leurs trajets (depuis la première division en P jusqu'en O) ne sont pas identiques.

Les savants comptaient observer un déplacement de la frange centrale simplement en pivotant l'appareil de 90°, c'est-à-dire, en changeant le rôle des miroirs M_1 et M_2. En effet, si l'on fait tourner le dispositif d'un quart de tour, on permute les durées de parcours pour les deux composantes de l'onde et leur décalage devient donc l'opposé du précédent, entraînant ainsi un déplacement de la figure d'interférences.

Note : ce schéma à but pédagogique n'illustre pas exactement l'interféromètre de Michelson et Morley qui flottait sur un bain de mercure : ceci permettait de le tourner dans toutes les directions. De plus, un jeu de miroirs augmentait les trajets suivis par les ondes, améliorant ainsi la sensibilité de l'appareil.

Conséquences de l'expérience de Michelson-Morley

Le dispositif de Michelson et Morley utilise l'interférométrie, seule technique capable de donner la précision requise.

Michelson se hasarde à décrire en famille le fonctionnement de son appareil avec une métaphore accessible aux non scientifiques. Il compare la marche des rayons lumineux à deux nageurs qui se font la course dans une rivière sur une longueur identique, l'un avançant dans le sens de la rivière et revenant ensuite contre le courant, et l'autre ne faisant que la traverser d'une berge à l'autre. « Le second nageur gagne toujours, dit-il à sa fille, à condition qu'il y ait du courant dans la rivière. »

Mais le résultat obtenu déçoit Michelson et Morley : ils ne détectent aucune variation dans la célérité de la lumière, quelle que soit l'orientation de l'interféromètre. Ils s'épuisent pourtant à recommencer la mesure de mille façons différentes. De guerre lasse, ils décident finalement d'annoncer l'échec de leur projet. (Notons que cette expérience a été répétée ensuite pendant des décennies, aussi bien par Michelson que par d'autres savants, avec le même insuccès.)

Que faut-il en conclure ? Que la règle de composition des vitesses est mauvaise ? Que la vitesse de la lumière reste identique, quel que soit le référentiel ? Ces deux propositions sont difficiles à accepter : elles entraînent l'abandon de la mécanique newtonienne.

Il reste aussi la possibilité que l'éther n'existe pas. Michelson refuse catégoriquement cette hypothèse : « Si j'avais pu prévoir un tel échec, dit-il, je n'aurais jamais tenté cette mesure. » D'ailleurs, ce sera à son grand dam qu'Einstein signera l'arrêt de mort de l'éther, en renonçant à l'« espace absolu » :

> « L'introduction d'un 'éther lumineux' devient superflue – écrit Einstein en 1905 dans son célèbre article fondateur de la relativité restreinte – par le fait que notre conception ne fait aucun usage d'un 'espace absolu au repos' doué de propriétés particulières. »[55]

Mais Michelson, jusqu'à son dernier souffle, s'accroche à cette substance. Peu avant sa mort, lors d'une conférence en Californie, ses pas ont croisé ceux d'Einstein. À cette occasion, ce dernier confie que sans Michelson la relativité restreinte ne serait rien d'autre qu'une spéculation intéressante. C'est un mensonge généreux : Einstein rend hommage à un homme souffrant, que la maladie ne tardera pas à emporter ; en fait, l'expérience de Michelson n'avait joué aucun rôle dans la maturation de la loi de la relativité. Une chose reste cependant vraie : sans les essais de Michelson, les savants du XXe siècle auraient, peut-être, tardé davantage à l'accepter. Mais, de toute façon, la relativité aurait fini par se frayer son chemin.

Retour à l'affaire Galilée

Le retour de l'affaire Galilée sur le devant de la scène est une conséquence inattendue de l'expérience de Michelson-Morley, car cet échec peut aussi s'interpréter comme une preuve de l'immobilité de la Terre.

55. Einstein, *L'électrodynamique des corps en mouvement*, Annalen der Physik, 1905.

Henri Poincaré

Pour plus incroyable que cela puisse paraître, cette idée ne manque pas de séduire certains philosophes chrétiens car elle permet de disculper (partiellement) l'Église lors du procès de Galilée. Or, renoncer au mouvement de la Terre signifie non seulement se détourner des acquis de la science post-copernicienne, mais également revenir aux conceptions qui placent la Terre (donc l'homme) au centre du monde. Ceci n'empêche pas Édouard Le Roy d'exploiter une phrase du mathématicien français Henri Poincaré pour affirmer que la science ne garantit plus le mouvement de la Terre. En effet, dans *La Science et l'hypothèse* (1902), Poincaré (trois ans avant Einstein !) se demandait déjà s'il ne fallait pas abandonner la notion d'espace absolu, donc de mouvement absolu :

> « L'espace absolu n'a aucune réalité objective, dit-il. Dès lors, l'affirmation 'la Terre tourne', n'a aucun sens, puisque aucune expérience ne permettra de la vérifier ; puisqu'une telle expérience ne peut être conçue sans contradiction (...) ces deux propositions : 'la Terre tourne' et 'il est plus commode de supposer que la Terre tourne', ont un seul et même sens ; il n'y a rien de plus dans l'une que dans l'autre. »[56]

Par mauvaise foi ou par incompétence, le philosophe Édouard Le Roy interprète ce paragraphe, pourtant clair, comme un aveu de l'incapacité de la science à décider si la Terre se meut ou pas. Agacé, Poincaré répond à Le Roy dans *La valeur de la science* (1905). Après avoir répété péremptoirement qu'il « n'existe pas d'espace absolu »,

56. Henri Poincaré, *La science et l'hypothèse*, Champs Flammarion, 1968, p. 133.

Poincaré y rappelle les nombreuses preuves incontestables du mouvement de la Terre (« le mouvement diurne apparent des étoiles, le mouvement diurne des autres corps célestes, l'aplatissement de la Terre, la rotation du pendule de Foucault, la giration des cyclones, que sais-je encore ? ») et dit clairement :

> « Pour le ptoléméen[57], tous ces phénomènes n'ont entre eux aucun lien ; pour le copernicien, ils sont engendrés par une même cause. En disant la Terre tourne, j'affirme que tous ces phénomènes ont un rapport intime, et cela est vrai bien qu'il n'y ait pas et qu'il ne puisse y avoir d'espace absolu. »[58]

Lorentz

Une tentative originale – et très féconde – d'expliquer l'échec de l'expérience de Michelson vient de l'Irlandais George Francis Fitzgerald (1851-1901). Pourquoi ne pas envisager, se demande-t-il en 1889, que la longueur des objets en mouvement dans l'éther puisse s'altérer ?

Le Hollandais Hendrik Antoon Lorentz (1853-1928), futur Nobel de physique (1902), met cette idée en équations. Ses travaux qui supposent l'existence d'un temps propre à chaque référentiel sont traduits en 1904 par une formule qui porte le nom de « transformation de Lorentz ». Cependant, cette interprétation, pour plus astucieuse qu'elle soit, semble alors relever plutôt d'un artifice de calcul.

C'est Einstein qui montrera toute la signification physique cachée dans cette expression mathématique.

---

57. Le ptoléméen croit à l'immobilité de la Terre au centre du monde. Cette conception qui était soutenue par l'Église fut combattue notamment par Galilée au XVIIe siècle, ce qui le conduisit devant le tribunal de l'Inquisition en 1633.
58. Henri Poincaré, *La valeur de la science*, Champs Flammarion, 1970, p. 184.

Chapitre 3

L'Univers cesse d'être figé : Einstein

La relativité

Einstein n'a pas seulement bouleversé la physique, il a transformé notre manière d'envisager l'Univers.

Il vient au monde en 1879 dans une famille commerçante à Ulm, quelques années seulement après que l'Allemagne eut trouvé son unité sous l'égide de la Prusse. Depuis sa victoire sur l'Autriche (1866) et la France (1871), l'armée allemande se considère comme la plus puissante du monde : sa flotte n'est dépassée que par l'anglaise. Le nationalisme imprègne donc les mentalités. Il est d'autant plus exacerbé que subsistent encore les clivages religieux qui ont toujours hanté la région : on exalte la culture germanique sur fond d'industrialisation galopante. Or, l'industrie recherche des débouchés : le moindre ralentissement des exportations risque de provoquer des crises intérieures.

Malgré l'émigration (qui crée d'importantes colonies allemandes aux États-Unis et au Brésil), la poussée démographique enfle : l'Empire passe de 40 millions d'habitants en 1870 à 68 millions en 1914, faisant de l'Allemagne la nation la plus peuplée d'Europe. Le pays consacre un grand effort pour l'éducation et la recherche, notamment en chimie : les dirigeants sont conscients de l'importance de la science dans la perspective de la domination du monde.

Einstein

« La foi aveugle dans l'autorité est le pire ennemi de la vérité. »
Albert Einstein, 1901

« [Einstein] vous êtes un brillant sujet ! Mais vous avez un défaut : vous n'acceptez pas le moindre avis ; pas le moindre avis. »
Heinrich Weber, professeur au Polytechnicum de Zürich

Einstein

Le père et la mère d'Albert Einstein (1879-1955), juifs non pratiquants, ne lui transmettent aucune tradition religieuse. Malgré cela, sous l'influence d'un parent, il tombe dans la dévotion à neuf ans, se met à refuser la viande de porc et à méditer sur les histoires bibliques. Cet épisode prend fin à onze ans lorsqu'on lui offre une collection illustrée sur les épopées de la Bible. Einstein, qui dévore cet ouvrage destiné à raffermir la foi des enfants, se rend soudain compte « que ces histoires ne peuvent être vraies » et, d'après ses aveux, ressent une « orgie positivement fanatique de libre-pensée, ayant l'impression que la jeunesse est volontairement trompée par l'État avec des mensonges ». Cette terrible perte de la foi lui forgera un esprit critique radical, « une suspicion contre toute forme d'autorité, une méfiance envers les convictions existantes », avouera-t-il.

Les premières cibles de sa révolte sont ses maîtres, considérés désormais comme courroies de transmission de l'« imbécillité » ambiante. Il conteste tout autant leur « manière arrogante d'enseigner », que le sens de la discipline, le culte de la hiérarchie et la violence intellectuelle d'un État autoritaire. Les enseignants commencent donc à se plaindre de son insolence harassante, quoique maintenue dans des limites acceptables, suffisamment en tout cas pour lui épargner l'exclusion.

En 1894, ses parents déménagent vers l'Italie et le confient à des amis pour ne pas perturber sa scolarité. Après une violente altercation avec un professeur, il va les rejoindre. Pour se justifier, il présente à ses parents un certificat médical de complaisance attestant de son incapacité à fréquenter les cours pour des « raisons nerveuses ». Il leur communique aussi sa décision de renoncer à la nationalité allemande : il préfère être apatride que de jurer fidélité à une nation qu'il méprise. Il promet cependant de passer le concours d'entrée au Polytechnicum de Zurich. Malgré ses bonnes notes en mathématiques, il échoue, en 1895, en raison de ses faibles résultats dans les matières littéraires, notamment en allemand. L'année suivante, il y entre dans la section de formation des professeurs de mathématiques et de physique, où il néglige parfois des leçons importantes. C'est probablement pour cela qu'on refuse de lui attribuer en 1900 un poste d'enseignant dans l'établissement, bien qu'il ait obtenu une mention honorable au diplôme.

Naturalisé suisse en 1901 et dispensé du service militaire pour des varices et des pieds plats, il restera toute sa vie fidèle à cette nationalité. Par l'entremise du père de Marcel Grossmann, un ami mathématicien, Einstein trouve un emploi dans le Bureau des brevets à Berne, deux ans avant d'épouser Mileva Maric, ancienne collègue du Polytechnicum. De cette union naîtront deux garçons, ainsi qu'une mystérieuse fille qui, née avant le mariage, disparaîtra sans laisser de trace.

Peu accaparé par le Bureau des brevets, Einstein présente, à vingt-six ans, une thèse en 1905 à l'université de Zurich sur la détermination des dimensions moléculaires. La même année, il donne d'autres contributions révolutionnaires à la science, chacune pouvant suffire à le rendre immortel : il élucide le mouvement brownien qui tourmentait les savants depuis presque un siècle ; analyse le phénomène photoélectrique ; bouleverse les notions d'espace et de temps absolus hérités de Newton avec la théorie dénommée « relativité restreinte » et postule l'équivalence entre masse et énergie, résumée par la célèbre formule $E = mc^2$.

La relativité

> « Newton, excuse-moi ! La voie que tu as ouverte était la seule qu'un homme doué d'une intelligence brillante et d'un esprit créateur pouvait trouver à l'époque. Les concepts que tu as élaborés guident encore aujourd'hui nos raisonnements en physique, même si nous savons qu'il nous faut désormais les remplacer par d'autres concepts qui, plus éloignés de l'expérience directe, nous permettront seuls de parvenir à une compréhension plus profonde des relations entre les choses. »
>
> Albert Einstein

> « [Les libraires anglais en 1919] avaient pu constater la grande ignorance du public quant au sens à donner au mot *relativité* : apparemment beaucoup de gens pensaient que cela avait quelque chose à voir avec les relations sexuelles. »
>
> Banesh Hoffmann (ami et biographe d'Einstein)

Il n'est pas question ici de faire une présentation exhaustive de la relativité, mais seulement de rassembler quelques résultats.

Commençons par un bref rappel de la mécanique de Newton qui se construit sur le « temps absolu » et l'« espace absolu », deux notions indépendantes, qu'il est impossible de se représenter. Cependant, nous n'avons pas l'impression qu'elles soient si abstraites puisque nous sommes habitués à employer les mots « temps » et « espace » dans notre vocabulaire quotidien. Dans la mécanique d'Einstein, « temps » et « espace » cessent d'être indépendants et sont remplacés par un concept encore plus abstrait, l'« espace-temps ».

On distingue habituellement deux relativités, la « restreinte » et la « générale ». L'expression « restreinte » se justifie parce que cette branche « se restreint » aux observateurs inertiels (ou référentiels inertiels). Rappelons qu'un observateur « inertiel » est celui qui voit une particule isolée (c'est-à-dire une particule sur laquelle n'agit aucune force) au repos ou en mouvement rectiligne à vitesse constante.

La relativité restreinte se fonde sur deux postulats : les lois de la physique sont les mêmes dans tous les référentiels inertiels, et la célérité de la lumière est la même pour tous les observateurs inertiels (qu'elle soit émise par un objet en mouvement ou non). À l'aide de ces deux principes, Einstein retrouve les résultats de Lorentz sur la contraction de la longueur des objets en mouvement et la dilatation du temps. Il démontre que ces changements ne sont cependant pas quelconques, mais qu'ils s'ajustent parfaitement de manière à assurer la constance de la vitesse de la lumière. En outre, Einstein prouve que la masse des objets augmente avec la vitesse et établit l'équivalence entre masse et énergie avec la célèbre expression $E = mc^2$ (où « E » est l'énergie, « m » la masse et « c » la célérité de la lumière).

Notons que les effets de la relativité sont indécelables dans les phénomènes de la vie courante, où la mécanique de Newton reste valable. La relativité concerne donc uniquement les mouvements à très haute vitesse, de l'ordre de celle de la lumière. (Pour avoir une idée de l'importance de la célérité de la lumière, sachons qu'elle peut faire huit fois le tour de la Terre en une seconde.) Or, l'accroissement de la masse d'une particule qui se déplace à 10 % de la vitesse de la lumière est d'à peine 0,5 %. En revanche, si sa vitesse s'approche de 90 % de celle de la lumière, alors sa masse double. Celle-ci peut même devenir infinie si sa vitesse égale celle de la lumière. En fait, la particule ne pourra jamais atteindre cette limite : cela impliquerait une dépense infinie d'énergie pour y parvenir.

La relativité générale étend les résultats de la relativité restreinte à l'ensemble des repères, qu'ils soient inertiels ou non. Il s'agit d'une théorie de la gravitation conçue par des expériences de pensée, la plus importante d'entre elles se déroulant dans un ascenseur en chute libre. Si une personne à l'intérieur de cet ascenseur lâche un objet, il le verra immobile par rapport à lui. À partir de là, Einstein établit l'équivalence entre accélération et gravitation, c'est-à-dire entre masse inerte et masse pesante, que la physique classique se contentait d'admettre sans expliquer. D'après Einstein, il s'agit de l'idée la plus heureuse de sa vie.

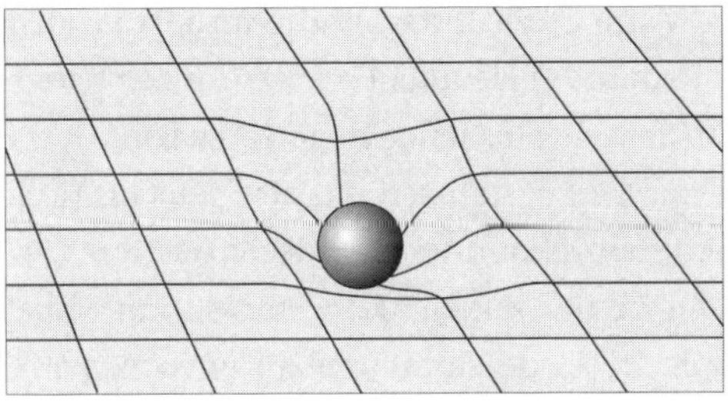

Déformation de l'espace temps en présence d'une masse

La relativité générale transfère à l'espace-temps les propriétés motrices que Newton attribuait aux forces. Ainsi, un astre massif déforme l'espace autour de lui, ce qui impose une trajectoire bien déterminée aux corps en mouvement, comme un toboggan impose une trajectoire précise à la personne qui glisse. En résumé, la matière indique à l'espace-temps comment il doit se gauchir, et l'espace-temps indique à la matière comment elle doit se déplacer.

L'espace d'Einstein étant courbe, la géométrie euclidienne ne s'y applique pas. Voyons cela : sur la surface d'une sphère, la plus petite distance entre deux points n'est pas la droite mais un arc de cercle nommé géodésique. Dans cet univers courbe les corps isolés ne suivent donc pas des « droites » mais des « géodésiques ». En réalité, cette formulation cache une généralisation du principe d'inertie newtonien, principe qui affirme qu'une particule isolée suit un mouvement rectiligne uniforme. Or, l'univers de Newton étant euclidien, sa « géodésique » est la « droite ».

La relativité a permis d'améliorer les explications de plusieurs événements (qui seront commentés par la suite) : le mouvement du périhélie de Mercure, la déflexion des rayons lumineux passant à proximité des corps massifs etc. Elle permet en outre de prédire de nombreux phénomènes nouveaux dont les lentilles gravitationnelles.

Début de la carrière universitaire d'Einstein

Einstein démissionne en 1909 du Bureau des brevets pour enseigner, d'abord à l'université de Zurich pendant un laps de temps très court, ensuite à Prague ; il revient en 1912 au Polytechnicum de Zurich, l'établissement même où il avait étudié et qui l'avait refusé comme professeur auxiliaire.

En 1911, le Belge Ernest Solvay (1838-1922), un mécène fabricant de soude, invite Einstein à Bruxelles pour une réunion de discussion avec vingt-trois savants triés sur le volet, parmi eux Marie Curie, Ernest Rutherford, Louis de Broglie, Paul Langevin, Max Planck, Henri Poincaré et Hendrik Lorentz : un lien paternel naît à cette occasion entre Lorentz et Einstein, le plus jeune de tous. Le contact d'Einstein avec les autres est facilité par son charisme : photogénique et joyeux drille, il plaît en outre à la gent féminine avec ses cheveux ébouriffés et sa décontraction.

En 1913, Einstein reçoit à Zurich Max Planck (futur Nobel de physique, 1918) et Walter Nernst (futur Nobel de chimie, 1920) envoyés par Guillaume II. Feignant d'oublier qu'Einstein avait renoncé à la nationalité allemande, le kaiser avait chargé ces deux émissaires de le ramener, coûte que coûte, à Berlin pour rehausser le prestige de l'Allemagne. Einstein accepte leur offre taillée sur mesure : on lui propose de devenir membre de la prestigieuse Académie prussienne des sciences, directeur du Kaiser Institut et le professeur le mieux rémunéré d'Allemagne, sans obligation d'enseigner, en ayant l'autorisation de faire des conférences payantes.

Plaque devant l'Académie des Sciences à Berlin

Einstein s'installe donc à Berlin à partir de 1914, alors que sa vie familiale entre dans la tourmente : en effet, il se rapproche de sa cousine Elsa, divorcée depuis peu, qui deviendra sa compagne après un divorce éprouvant avec Mileva, aggravé par l'animosité des enfants. En 1921, il obtient le Nobel de physique pour sa contribution à l'effet photoélectrique, prix qui servira de pension alimentaire.

Le séjour d'Einstein dans la capitale de l'Empire coïncide avec une série de drames. Les nations européennes, qui affûtent depuis quelque temps leurs baïonnettes, se saisissent de l'attentat de Sarajevo comme prétexte pour déclencher la Première Guerre mondiale (1914-1918). Ce qui aurait dû être une simple promenade pour les troupes du kaiser devient, en fait, une guerre de tranchées. C'est en pleine guerre qu'Einstein expose en 1915 sa théorie de la relativité générale.

Validation de la relativité

Avance du périhélie de Mercure

La première victoire de la nouvelle mécanique proposée par Einstein est l'explication de l'avance du périhélie de Mercure. De quoi s'agit-il ?

D'après les lois de Kepler, l'orbite d'une planète est une ellipse dont le Soleil occupe l'un des foyers : on nomme périhélie le point de cette orbite qui se trouve au plus près de notre astre. Pour la mécanique newtonienne, s'il n'y avait qu'une seule planète dans le système solaire, sa course autour du Soleil décrirait une ellipse parfaitement stable, dont le périhélie resterait par conséquent fixe. Mais la présence d'autres planètes peut perturber ce mouvement, entraînant donc une lente dérive du périhélie.

Comment s'est-on aperçu de ce phénomène pour Mercure ? Cette fabuleuse histoire débute en 1859 lorsqu'un astronome amateur français, le médecin Lescarbault, jure avoir vu une minuscule tache noire défiler pendant 78 minutes devant le disque solaire. Le Verrier, qui se passionne pour cette information, soupçonne aussitôt le passage devant le Soleil d'une planète inconnue. Pour vérifier cette hypothèse, il calcule les paramètres de l'orbite de Mercure et constate que son périhélie progresse de 565 secondes d'arc par siècle, alors que la théorie de Newton ne prévoyait que 527. Il y avait donc une différence de 38 secondes d'arc par siècle. (En refaisant les calculs en 1881, Simon Newcomb allait porter cet écart à 43 secondes.)

Il s'agit certes d'une avance presque imperceptible, mais lourde de signification pour Le Verrier qui rêve de rééditer son exploit précédent avec Neptune (voir p. 52). Il attribue donc immédiatement cette anomalie à une planète intra-mercurienne ignorée. Baptisée Vulcain, cette dernière est, explique-t-il, difficilement observable en

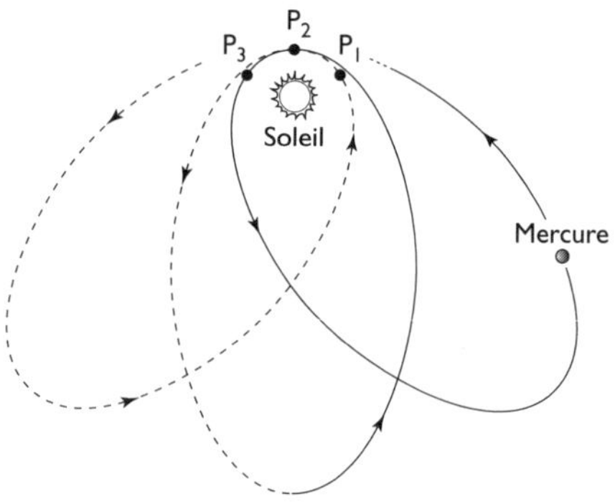

Avance du périhélie de mercure

P_1, P_2 et P_3 sont les périhélies.

raison de sa proximité avec le Soleil. Sauf dans un cas : lors des éclipses totales de notre astre. Voici pourquoi il mobilise les astronomes français pour retrouver Vulcain à l'occasion de l'éclipse de 1860. Malgré l'échec, Le Verrier jouit d'une telle autorité que, à partir de cette date, la recherche de cette hypothétique planète devient une préoccupation importante pour les astronomes du monde lors des éclipses solaires.

Einstein élucide l'énigme de Vulcain en novembre 1915 devant l'Académie prussienne des sciences en annonçant que sa théorie explique l'excès d'avance du périhélie de Mercure de 43 secondes d'arc « sans avoir besoin d'aucune hypothèse spéciale », dit-il, c'est-à-dire, sans avoir recours aux planètes inconnues et autres événements mystérieux. D'ailleurs, il avouera plus tard que la prodigieuse coïncidence entre la théorie et l'observation l'avait troublé : « Je fus littéralement transporté de bonheur pendant des jours », a-t-il écrit à un ami[59].

Pour les savants de l'époque, cette victoire, pour importante qu'elle soit, ne suffit pas à prouver la relativité : ils attendent encore une délicate mesure de déviation des rayons lumineux.

---

59. D'après Françoise Balibar, spécialiste d'Einstein, il n'est pas si évident que l'avance du périhélie de Mercure soit une vérification de la relativité générale : « Il se pourrait, dit-elle, que cette avance puisse s'expliquer dans le cadre de la théorie de Newton comme un effet dû à l'aplatissement du Soleil qui n'est pas parfaitement sphérique. Si tel était le cas (les mesures entreprises par la NASA ont été interrompues faute de moyens financiers), l'avance du périhélie de Mercure apparaîtrait plutôt comme allant à l'encontre de la théorie d'Einstein. » (Commentaire de F. Balibar à l'article de Léon Brillouin, « Les Théories d'Einstein et leur vérification expérimentale », *Cahiers de Science et Vie Hors Série* sur Einstein, août 1993, p. 76.)

Déflexion de la lumière

> « Pendant l'éclipse de 1919, [Max Planck] est resté debout toute la nuit pour voir si elle allait confirmer la déviation de la lumière. S'il avait vraiment compris la relativité générale, il serait allé se coucher comme moi. »
>
> Einstein

En 1911, pendant son séjour à Prague, Einstein avait proposé de valider la relativité par la déviation de la lumière d'une étoile rasant de près le Soleil. Bien évidement cette étude n'était possible qu'à l'occasion des éclipses totales de notre astre. Einstein prévoyait une déflexion de 0,87 secondes d'arc. Pour apprécier une grandeur si petite il fallait faire preuve d'une grande minutie dans les mesures : il s'agit en effet d'un angle minuscule, plus petit que celui sous lequel on verrait une pièce d'un euro à 5 kilomètres de distance !

Malgré cela, cette idée avait fortement séduit Erwin Freundlich (1885-1964), de l'Observatoire royal de Prusse. Ainsi, en 1912, il avait prié une équipe américaine d'inclure cette préoccupation dans ses observations de l'éclipse prévue à cette date au Brésil. Par malchance, le mauvais temps avait ruiné le projet.

Peu après, sans se laisser abattre, Freundlich s'associe à deux Américains de l'observatoire de Lick, Curtis et Campbell, qui se rendent en Russie pour l'éclipse totale du 21 août 1914. Ils doivent à la fois étudier la déviation des rayons lumineux et rechercher Vulcain. Malheureusement, la Première Guerre mondiale, qui éclate entre-temps, donne prétexte aux Russes pour confisquer le matériel astronomique de Campbell au profit de l'observatoire de Pulkovo et mettre aux arrêts Freundlich, citoyen d'un pays ennemi.

Einstein, qui se désole de cette malchance, apprendra bientôt qu'il s'agit d'un heureux échec, tout au moins bénéfique pour sa réputation : en refaisant ses calculs, il y découvre une grave erreur ; il annonce maintenant 1,75 secondes d'arc, valeur qui correspond à la réalité.

Toujours est-il que si Freundlich avait réussi son expédition, Einstein aurait été mis dans l'embarras : sa théorie n'aurait pas été meilleure que celle de Newton. On se souvient en effet que Soldner avait prévu en 1801 une déflexion de la lumière de 0,84 secondes d'arc sur la base de la mécanique newtonienne (voir p. 63). Il est vrai qu'Einstein aurait pu rectifier son erreur et annoncer la bonne valeur « après coup ». Mais il est fort à parier que cela aurait plutôt donné l'impression d'un bricolage, préjudiciable donc à sa célébrité.

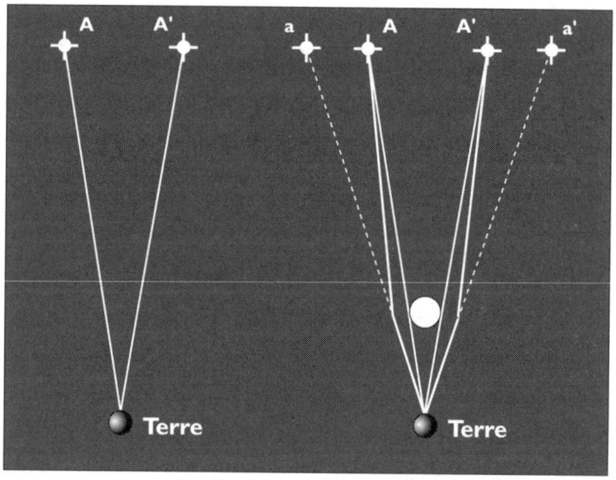

A et A' sont les positions des étoiles avant l'éclipse ;
a et a' sont les positions des mêmes étoiles durant l'éclipse.

Après ces déconvenues, l'espoir de vérifier les dires d'Einstein se reporte notamment à l'éclipse de mai 1919. En effet, le Soleil doit se présenter alors devant les Hyades qui contiennent au moins treize étoiles brillantes, susceptibles donc d'être utilisées. La zone d'ombre de cette éclipse traverse l'Atlantique, laissant quelques emplacements intéressants au Brésil et en Afrique.

Curieusement, ce sont les Anglais qui se chargent de cette opération destinée, après tout, à la gloire d'un Allemand. Il faut saluer ce geste d'une rare élégance décidé en 1917, alors que la situation militaire est bloquée sur le front depuis la bataille de Verdun (1916). Il y a cependant une autre raison à admirer cette décision : elle vise à sauver un brillant astronome anglais du XXe siècle, Eddington.

Arthur Eddington (1882-1944) est un quaker et, par conséquent, un irréductible objecteur de conscience. Or, le gouvernement anglais vient d'allonger l'âge limite pour partir sur le front, le rendant donc incorporable : « Je n'arrive pas à croire que Dieu puisse m'envoyer tuer des êtres humains », dit-il.

L'astronome royal Frank Dyson (1868-1939), conscient de l'intransigeante détermination d'Eddington, déniche cette mission afin d'épargner à son ami le tribunal militaire[60]. Il emploie donc un argument propre à flatter les sentiments patriotiques : « Seul Eddington, dit-il, peut rehausser la tradition de la science britannique, et

60. Ajoutons une autre raison qui explique la mobilisation de Frank Dyson en faveur d'Eddington. En 1915, Henry Moseley, un des pionniers dans le domaine de l'application des rayons X à la cristallographie, fleuron de la physique anglaise, avait été tué sur le front, provoquant un grand émoi dans les milieux scientifiques anglais.

démentir l'idée erronée que les recherches importantes sont allemandes. » Cet astucieux mélange de science et de politique trompe la vigilance des autorités militaires qui reportent donc l'incorporation d'Eddington jusqu'à la fin de sa mission, en 1919.

Les Anglais envoient une expédition à Sobral (Brésil) et une autre dans le golfe de Guinée, à l'île du Prince, conduite personnellement par Eddington. Le ciel clément à Sobral permet plusieurs prises de vue, alors que le mauvais temps menace la mission de l'île du Prince ; Eddington bénéficie malgré tout d'une éclaircie au moment fatidique pour saisir quelques images profitables. L'étude des différents clichés se révèle laborieuse car l'appareil de Sobral donnait une erreur systématique qu'il a fallu corriger. Finalement, on parvient à confirmer une déviation moyenne des rayons lumineux de 1,80 secondes d'arc[61]. Rendu euphorique par ce succès, Eddington rédige une parodie des Rubaiyat du célèbre poète persan Omar Khayam (v. 1050 – v. 1123) :

> Que les sages vérifient nos mesures
> Cela seul est certain, la lumière a du poids,
> Cela seul est certain, le reste se discute,
> Près du Soleil, les rayons lumineux dévient[62].

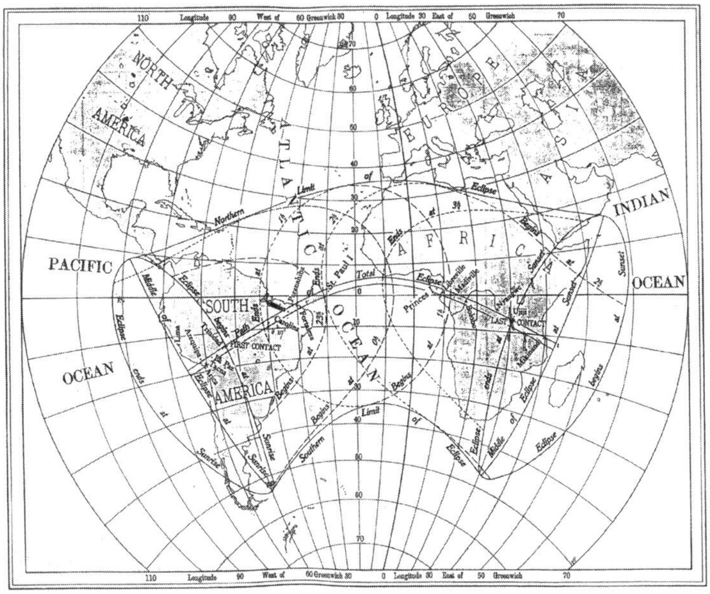

Carte de l'éclipse de 1919
(1918, United States Naval Observatory)

---

61. En fait il s'agit de 1,61 ± 0,30 secondes d'arc à Prince et 1,98 ± 0,12 à Sobral.
62. « Oh leave the Wise our measures to collate / One thing at least is certain, light has weight / One thing is certain and the rest debate / Light rays, when near the Sun, do not go straight. »

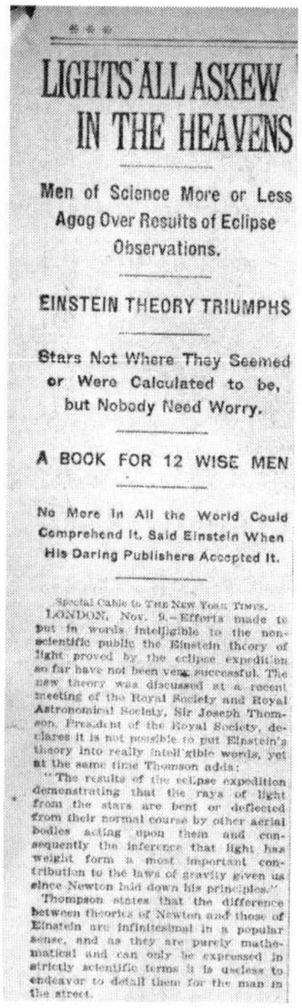

LIGHTS ALL ASKEW IN THE HEAVENS

Men of Science More or Less Agog Over Results of Eclipse Observations.

EINSTEIN THEORY TRIUMPHS

Stars Not Where They Seemed or Were Calculated to be, but Nobody Need Worry.

A BOOK FOR 12 WISE MEN

No More in All the World Could Comprehend It, Said Einstein When His Daring Publishers Accepted It.

Special Cable to THE NEW YORK TIMES.

LONDON, Nov. 9.—Efforts made to put in words intelligible to the non-scientific public the Einstein theory of light proved by the eclipse expedition so far have not been very successful. The new theory was discussed at a recent meeting of the Royal Society and Royal Astronomical Society. Sir Joseph Thomson, President of the Royal Society, declares it is not possible to put Einstein's theory into really intelligible words, yet at the same time Thomson adds:

"The results of the eclipse expedition demonstrating that the rays of light from the stars are bent or deflected from their normal course by other aerial bodies acting upon them and consequently the inference that light has weight form a most important contribution to the laws of gravity given us since Newton laid down his principles."

Thompson states that the difference between theories of Newton and those of Einstein are infinitesimal in a popular sense, and as they are purely mathematical and can only be expressed in strictly scientific terms it is useless to endeavor to detail them for the man in the street.

New York Times, 9 novembre 1919

La nouvelle de ce succès retentit à Berlin : aussitôt informés, les étudiants d'Einstein se lèvent et applaudissent leur maître à tout rompre. ÉmMu et décontenancé, le savant se met lui aussi à applaudir. Tous les savants de la ville accourent le féliciter ; c'est à peine si les uns peuvent parler et les autres écouter : l'Allemagne humiliée vient de retrouver une raison de fierté. Einstein devient un héros national : il sera désormais vénéré par certains et haï par d'autres !

En Angleterre, en revanche, l'ambiance est plutôt morose. Elle ressemble à un drame grec lorsque Frank Dyson communique le résultat le 6 novembre aux savants de la Royal Astronomical Society et de la Royal Society, réunis dans les locaux de cette dernière. Avec la voix grave, il proclame le triomphe d'un Allemand sur un Anglais : « La lumière est défléchie en accord avec la loi de gravitation d'Einstein ! », dit-il. Cette annonce sonne comme un désastre pour Ludwick Silberstein. Il se lève, pointe son doigt vers un immense portrait de Newton en clamant : « Nous avons le devoir à l'égard de cet homme de marcher avec extrême prudence dans la modification de sa loi de la gravitation. » Alors que d'autres savants réclament davantage de vérifications, le Nobel de physique 1906, Joseph John Thomson, le découvreur de l'électron, reconnaît la supériorité d'Einstein.

Le *Times* de Londres titre ainsi la nouvelle le lendemain : « Révolution scientifique. Une nouvelle théorie de l'Univers. Les idées de Newton ont été renversées », tandis que, de l'autre côté de l'Atlantique, le *New York Times* du surlendemain ironise : « Triomphe d'Einstein : les étoiles ne sont pas où l'on croit, mais ne vous inquiétez pas. »

Cependant, l'Angleterre ne tarde pas à se convertir à la nouvelle science, si l'on croit Eddington qui écrit à Einstein le mois suivant :

> « Toute l'Angleterre parle de votre théorie. Elle a fait sensation... C'est ce qu'on pouvait espérer de mieux pour l'amélioration des relations scientifiques entre l'Angleterre et l'Allemagne. »[63]

Il est cependant intéressant de noter qu'en décembre 1919, la Royal Astronomical Society accorde sa médaille d'or à Einstein pour 1920. Mais certains « patriotes » se liguent pour empêcher cette attribution : il faudra donc attendre 1926 pour que cette distinction soit décernée[64].

Sobral, 1919

Photo prise à Sobral le jour de l'éclipse

On reconnait de gauche à droite : d'abord, Henrique Morize, directeur de l'observatoire de Rio de Janeiro ; le troisième est Andrew Crommelin et le sixième Charles Davidson, astronomes anglais.

63. Cité par Banesh Hoffmann, *Albert Einstein, créateur et rebelle* (voir bibliographie), p. 147.
64. Voir Banesh Hoffman, *op. cit.*, p. 150.

Rougissement gravitationnel des raies spectrales

Il s'agit d'une autre prévision d'Einstein : dans un champ de gravitation, la lumière subit un « rougissement »[65].

Nous passerons rapidement sur ce phénomène qui ne joue pratiquement aucun rôle dans l'acceptation de la théorie d'Einstein : pour l'apprécier il faut une haute précision. On considère généralement que l'une des premières expériences convaincantes de la justesse de cette affirmation se déroule en 1960. On a alors observé la variation de la fréquence d'une raie du fer entre le haut et le bas d'une tour de l'université de Harvard.

Univers statique et « constante cosmologique »

Pendant ces années de guerre, Einstein s'est intéressé aussi à d'autres sujets, notamment à la cosmologie.

En 1917, il postule que l'Univers est homogène. Il pose donc comme principe que la densité moyenne de matière dans l'espace est la même partout. En d'autres termes, il affirme qu'il est impossible de distinguer une partie de l'Univers d'une autre. Einstein sait, bien sûr, que la distribution des galaxies diffère selon la direction où l'on regarde. Mais il raisonne en moyenne.

À l'aide donc de cette hypothèse simplificatrice et, en maniant ses équations, le savant arrive à la conclusion que l'Univers est fini et sans limites. Ces deux affirmations peuvent sembler contradictoires : est-il possible en effet d'être à la fois fini et sans limites ? Oui, bien évidemment. Une personne qui marche sur la surface de la Terre ne rencontre jamais de limite, alors même que notre planète est finie.

L'Univers d'Einstein ressemble à une énorme boule quadridimensionnelle d'espace-temps nommée « hypersphère », impossible à représenter. Pour pouvoir se l'imaginer, il faudrait être fin géomètre... ou bien poète. Le mathématicien Robert Osserman croit l'avoir reconnue dans le *Paradis* de Dante lorsque Béatrice conduit le poète vers Dieu : les anges dansent en effet sur une sphère semblable[66].

Pour aboutir à ce résultat, Einstein a dû inclure dans les formules un facteur connu comme « constante cosmologique ». Pourquoi ? Parce que ses calculs lui réservent une surprise, qu'il a du mal à accepter ; l'Univers qui émerge des équations ne peut être

---

65. Une des premières tentatives de vérification de cette prévision d'Einstein (sur le bord du Soleil) est celle de Fabry et Buisson avant les années 1920. À ce propos, voir l'article de Léon Brillouin dans *Science et Vie* (1922) : « Les théories d'Einstein et leur vérification expérimentale ». Cet article a été reproduit en août 1993 dans les *Cahiers de Science et Vie*, numéro spécial sur Einstein.
66. Robert Osserman, *The poetry of the Universe*.

stable : ou bien les galaxies s'éloignent les unes des autres, ou bien elle se rapprochent. En tout cas, elles ne peuvent être figées. Or, Einstein refuse cette vision dynamique, comme, d'ailleurs, la totalité des savants de son temps. Pour obtenir que les galaxies restent éternellement à leur place (et aussi pour des raisons mathématiques de cohérence), il introduit dans les équations cette fameuse « constante cosmologique », appelée parfois facteur lambda, comme la lettre grecque utilisée. L'année même où Einstein présente ce modèle, le Hollandais Willem De Sitter (1872-1934) en propose une autre variante statique, également issue des équations relativistes. Mais les vues des deux hommes sont aux antipodes : pour De Sitter, l'espace est vide et infini et pour Einstein il est fini et contient de la matière.

Jusqu'à tout récemment, on reproche à Einstein l'invention de cette « constante cosmologique ». Il s'agit cependant d'une critique injuste, facile à formuler par des gens qui connaissent la suite de l'histoire. Einstein, lui, ne faisait que se conformer aux observations de son temps. En 1917, les savants ignoraient pratiquement tout sur les galaxies : ils ne pouvaient même pas dire si la nôtre était unique, ou s'il y en avait d'autres ; ils ignoraient aussi leurs distances, et encore plus leurs mouvements. Ils savaient, certes, que des étoiles dites « fixes » bougeaient légèrement. Mais qui pouvait alors garantir que ces modifications de position n'étaient pas chaotiques ? Les gens informés pensaient qu'elles se mouvaient au hasard : dans ce cas, bien évidemment, le déplacement moyen résultant serait nul[67].

Einstein après la Première Guerre mondiale

> « L'épuisement seul semble forcer les princes à la paix ; ils s'aperçoivent toujours trop tard que le sang du citoyen s'est mêlé à celui de l'ennemi. »
>
> Damilaville, *Encyclopédie*, article « Paix »

> « Je passe actuellement en Allemagne pour un 'savant allemand', et en Angleterre pour un 'juif suisse'. Supposons que le sort fasse de moi une 'bête noire', je deviendrai au contraire un 'juif suisse' en Allemagne, et un 'savant allemand' en Angleterre. »
>
> Einstein (1919)

Le 9 novembre 1918, le régime impérial allemand s'écroule avec l'abdication de Guillaume II, et la République est proclamée le même jour : elle sera dite « de Weimar » car c'est dans cette ville qu'on édictera la constitution l'année suivante.

67. Quoi qu'il en soit (en 2004), la cosmologie dite « standard » fait à nouveau grand usage de la « constante cosmologique ».

En juin de la même année, le Traité de Versailles ampute l'Allemagne d'une partie de son territoire et l'oblige à payer des réparations ; la chute du mark est vertigineuse ; cette situation est très mal vécue par la population qui bascule dans les extrêmes ; le national-socialisme désigne les juifs comme responsables de la misère et se renforce ; le krach de 1929 plonge le pays dans un chômage vertigineux ; Hitler arrive au pouvoir en 1933, mais Einstein, par chance, vient juste de quitter l'Allemagne.

Plus que jamais, la science devient instrument de pouvoir : Hitler est conscient que l'amélioration de l'armement implique une collaboration sans faille des scientifiques. Ainsi, l'ennemi juré d'Einstein, Philipp Lenard (Nobel de physique, 1905), triste éminence grise du nazisme, tient les rênes de la propagande parmi les savants comme directeur du tout nouvel Institut de physique national-socialiste : « Il est indigne pour un Allemand, déclare-t-il, d'être adepte intellectuel d'un juif. »

Apeurés par le nazisme, même des savants illustres s'effraient, à commencer par Fritz Haber (1868-1934), juif converti au protestantisme, inventeur d'un procédé de fixation de l'azote atmosphérique pour en faire l'ammoniac, donc des engrais. C'est lui aussi qui avait mis au point en 1915 la première arme chimique de l'humanité, funeste contribution qui ne l'avait pas empêché de devenir Nobel de chimie trois ans après : après une éphémère tentative de collaboration avec le nouveau régime, Haber quitte son poste et l'Allemagne pour ne pas être obligé d'appliquer les lois antijuives, et meurt en arrivant à Bâle. Quant à Planck, au début, il essaye de résister mais n'a pas beaucoup de souffle : la mort dans l'âme, il va maintenir la loyauté envers le gouvernement, et ne tardera pas à affirmer que le « comportement [d'Einstein] rend impossible sa permanence dans l'Académie ». Il est vrai qu'Einstein se montre actif dans la lutte pour l'internationalisme et la paix, qu'il vilipende la guerre, le militarisme et le national-socialisme. Malheureusement, pour Planck, la patrie est au-dessus des individus et ne doit jamais être mise en question. Situation pathétique pour un homme qui avait perdu un fils pendant la Première Guerre et qui verra les hitlériens en étrangler un second en 1945.

Einstein arrive aux États-Unis en 1933 et obtient la nationalité américaine sept ans après, sans toutefois renoncer à celle de la Suisse. Il publie encore des articles scientifiques, mais se laisse accaparer désormais par des questions politiques comme le combat contre le nazisme et le soutien à la création de l'État d'Israël. Il demandera au président Roosevelt de fabriquer une arme nucléaire avant Hitler. Toutefois, en apprenant le désastre d'Hiroshima, il s'écriera « hélas ! ». Il confiera plus tard : « Si j'avais su que les Allemands n'allaient pas réussir à produire une bombe atomique, je n'aurais jamais levé le moindre doigt. »

Max Planck et Einstein

Après la guerre, il refusera la présidence d'Israël. Trois jours avant sa mort, il se battait encore pour la paix en signant avec Bertrand Russell une pétition pour la proscription des armes nucléaires. Les deux hommes posaient cette question : « Va-t-on condamner la race humaine ; sinon l'humanité doit-elle renoncer à la guerre ? » Le jour même de son décès, le 18 avril 1955, Einstein est incinéré et ses cendres dispersées.

Première cosmologie dynamique : Friedmann

Une objection sérieuse au modèle cosmologique d'Einstein apparaît sous la plume du mathématicien russe Alexandre Friedmann (1888-1925). En analysant les équations de la relativité en 1922, il réalise qu'elles conduisent à deux types d'Univers, le type stationnaire, représenté aussi bien par celui d'Einstein que par celui de De Sitter, « pour lequel la courbure de l'espace ne varie pas avec le temps », et le type variable « qui engendre une famille beaucoup plus générale de modèles » :

> « Dans certains cas, dit Friedmann, le rayon de courbure de l'Univers part d'une certaine valeur et augmente constamment au cours du temps ; dans d'autres cas le rayon de courbure varie de façon périodique, l'Univers se contractant en un point (de volume nul), puis, à partir de ce point, augmente de rayon jusqu'à une certaine valeur maximale, puis diminue à nouveau pour redevenir un point, et ainsi de suite. »[68]

68. Jean-Pierre Luminet, *L'invention du Big Bang* (voir bibliographie), pp. 72-73.

Cette dernière solution qui évoque une étape d'expansion suivie d'une autre de contraction est parfois dénommée « Univers oscillant » ou « Univers phénix », en référence à cet oiseau mythique, symbole de l'immortalité, qui renaît continuellement de ses cendres. Curieuse solution : après une majestueuse explosion initiale, l'Univers se gonfle jusqu'à un certain moment, reprend le chemin inverse, et vient s'effondrer dans un point.

Friedmann ne se cantonne pas à l'astronomie : il s'aventure aussi sur le terrain métaphysique de l'origine de l'Univers. Dans une nette évocation de la Bible, il indique qu'« on pourrait parler d'une création du monde à partir de rien »[69]. Cependant, il nuance aussitôt son propos : « Mais tout ceci ne doit être pris qu'à titre de curiosité, et ne peut être prouvé au moyen d'observations astronomiques encore insuffisantes. »[70] Jean-Pierre Luminet, traducteur français de Friedmann[71], commente ce passage en faisant allusion à la répression stalinienne qui ravagera l'Union Soviétique à partir de 1929 :

> « Dans la bibliographie générale d'A. Friedmann, on note l'existence d'un manuscrit perdu, justement intitulé *Création* (*Mirozdanie*). Nul ne sait quel pouvait en être le contenu, mais il n'est pas impossible que Friedmann y ait développé un point de vue théologique. (...) Parler de création de l'Univers sous le régime communiste était quelque peu osé politiquement, bien que Friedmann ne se souciât guère de politique. Ce n'est que dans les années 1960 que la science soviétique s'est convertie à la conception du Big Bang. Certains indices laissent penser que si le savant russe avait survécu plus longtemps à sa théorie, il aurait pu être emprisonné et persécuté. »[72]

Toujours est-il que Friedmann communique aussitôt le résultat de ses recherches à Einstein, qui dédaigne la contribution : à la différence de Friedmann, le père de la relativité ne raisonne pas en mathématicien, il est physicien, et ses équations doivent donc traduire la réalité visible ! Mais le savant russe, tenace, revient à la charge : il envoie son mémoire à Einstein par un ami, et se rend personnellement à Berlin, malgré les difficultés pour sortir de l'Union Soviétique. Malheureusement, Einstein est absent.

Lorsque Friedmann est emporté en 1925 par la fièvre typhoïde, il ignore que l'inventeur de la relativité changera bientôt d'avis sur l'expansion de l'Univers.

---

69. Deuxième livre de Maccabées, 7, 28 : « Regarde le ciel et la Terre et vois ce qui est en eux, et sache que Dieu les a faits de rien et que la race des hommes est faite de la même manière. »
70. Jean-Pierre Luminet, *op. cit.*, p. 74.
71. A. Friedmann, G. Lemaître, *Essais de Cosmologie*, introduction, traduction et notes de J.-P. Luminet et A. Grib, Le Seuil, Collection les « Sources du Savoir », Paris, 1997.
72. Jean-Pierre Luminet, *op. cit.*, p. 75.

L'expansion de l'Univers

Découverte de la fuite des galaxies

Au moment même où Einstein élaborait cette théorie contestée par Friedmann, Slipher, un astronome américain, découvrait le décalage spectral de la lumière des galaxies vers le rouge et creusait, sans le savoir, la tombe de l'Univers statique.

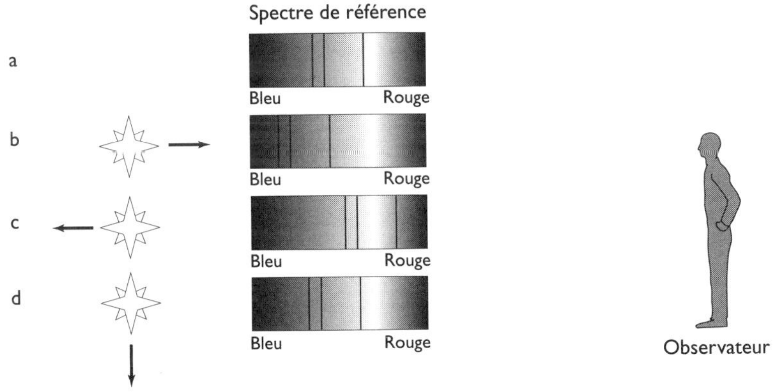

Schémas : a) spectre de référence ; b) l'étoile s'approche de nous, le spectre se décale vers le bleu ; c) l'étoile s'éloigne, le spectre se décale vers le rouge ; d) l'étoile bouge orthogonalement à la direction de l'observateur, le spectre ne change pas.

Vesto Melvin Slipher (1875-1969), qui n'est pas un théoricien, ne voit nullement l'expansion de l'Univers dans les chiffres qu'il publie en 1922, après dix ans de labeur. Pouvait-il en être autrement ? Nous l'avons déjà dit : les savants ignorent tout sur les galaxies, et ne savent même pas si elles appartiennent ou non à notre Voie lactée. Pour qu'ils commencent à y voir clair, ils doivent attendre une suite de travaux, dont le premier maillon est le fait d'une femme, Leavitt.

Les céphéides : Henrietta Leavitt

Henrietta Leavitt

Née dans le Massachusetts, Henrietta Swan Leavitt (1868-1921) est devenue presque sourde à l'adolescence.

Fille d'un membre du Congrès, elle obtient, en 1892, un poste à l'observatoire de Harvard pour scruter des plaques photographiques prises à Arequipa (Pérou), afin

Henrietta Leavitt

d'analyser une multitude de points, plus petits que des têtes d'épingles. Il s'agit d'un travail subalterne et mal payé, répétitif et monotone, indigne des astronomes illustres qui se croisent dans les couloirs de Harvard. Le cancer l'emportera à 53 ans.

Leavitt met au service de sa besogne une acuité visuelle particulièrement renforcée, qui compense son infirmité auditive. Au cours de sa vie, elle va repérer 2 400 étoiles « variables », la moitié de celles connues à son époque. Parmi elles, dans les Nuages de Magellan, des dizaines de céphéides, ainsi nommées car la première du genre avait été localisée dans la constellation de Céphée.

Les céphéides ont une propriété extraordinaire : leurs lumières scintillent de tous leurs feux pendant un certain temps, puis s'affadissent lentement avant de recommencer à briller. Ce cycle qui dure quelques jours se répète inlassablement, avec une monotone régularité : le temps écoulé entre deux maximum de brillance consécutifs est dit « période de la céphéide ». Les astronomes expliquent cet étrange comportement par des contractions et expansions périodiques de ces étoiles.

Vers 1912, Leavitt remarque que les céphéides du Petit Nuage de Magellan sont d'autant plus lumineuses que leurs périodes d'oscillation sont grandes. Elle émet donc, avec raison, l'hypothèse que cela dépend exclusivement de ces étoiles. En effet, ceci ne peut pas être dû à leur éloignement car ces étoiles se trouvent *grosso modo* à la même distance. Bien entendu, Leavitt sait très bien qu'il s'agit d'une simple approximation, que certaines céphéides sont forcément plus éloignées que d'autres. Cependant, le Petit Nuage de Magellan est tellement distant qu'aucune des étoiles qui le compose ne peut être deux fois plus éloignée qu'une autre. Avec ce raisonnement, Leavitt conclut qu'il y a un lien entre la période d'une céphéide et sa luminosité réelle.

Cette conclusion d'apparence anodine apporte en réalité une révolution : si on chronomètre la période d'une céphéide, on a sa magnitude absolue. Et l'utilisation de cette propriété est encore plus simple : il suffit désormais de comparer cette magnitude absolue avec la magnitude apparente de la céphéide pour avoir sa distance, car la décroissance de la luminosité d'une étoile obéit à une loi en $1/R^2$ (R est la distance qui sépare l'observateur de l'étoile). Par exemple : si deux céphéides A et B ont la même période, on déduit donc qu'elles ont la même magnitude réelle. Si, d'autre part, la magnitude apparente de la céphéide A est quatre fois plus grande que celle de B, alors A est deux fois plus proche que B. Cette relation se révèle d'autant plus utile que les céphéides sont de véritables phares du ciel, visibles jusqu'à environ 15 millions d'années-lumière, bien au-delà donc de notre galaxie.

Il reste encore à calibrer la relation mathématique de passage : Harlow Shapley (1885-1972) de l'observatoire de Mont Wilson s'y consacre. Son travail se déroule en deux étapes. D'abord, il établit (par d'autres méthodes) les distances de quelques céphéides proches, ensuite il compare leurs magnitudes réelles et apparentes. Aussitôt que Shapley obtient la formule recherchée (1918), il l'utilise pour évaluer la taille de notre galaxie, à laquelle il attribue 100 000 années-lumière. Quant au Soleil, il le loge dans sa banlieue, à 30 000 années-lumière du centre, localisé quelque part vers la constellation du Sagittaire. Fort de ce résultat, Shapley s'illustrera dans le « Grand Débat » de l'astronomie.

Le « Grand Débat »

Pour faire le point sur les innombrables connaissances astronomiques qui s'accumulent, la *National Academy of Science* des États-Unis invite les savants, en 1920, pour un « Grand Débat ».

Deux questions préoccupent alors les astronomes : la place du Soleil dans la Voie lactée et l'existence possible d'autres galaxies comme la nôtre, composées d'étoiles.

Harlow Shapley y affronte Heber Doust Curtis (1872-1942) de l'observatoire de Lick sur ces deux points : pour Curtis le Soleil se trouve au centre de la Galaxie, alors que pour Shapley, on l'a vu, il est dans les faubourgs ; pour Curtis, l'Univers comporte une myriade de galaxies et Shapley ne conçoit que la nôtre, la Voie lactée.

L'histoire donnera raison et tort aux deux protagonistes. Hubble confortera Curtis en 1924 en prouvant l'existence d'autres galaxies composées d'étoiles, dites « spirales ».

En revanche, en ce qui concerne la place du Soleil, le Hollandais Jan Oort (1900-1992) confirmera les dires de Shapley (1932), ajoutant même que notre astre circule à la vitesse de 215 km/s autour du centre de la Voie lactée.

Nous aurons alors la réponse définitive à l'une des questions lancinantes de l'histoire de l'humanité, notre place dans le monde : nous vivons donc sur une planète banale, logée dans une galaxie quelconque, perdue au milieu de milliards d'autres semblables. Nous ne sommes même pas au centre de notre galaxie : nous n'avons rien de spécial, sauf notre prétention anthropocentrique.

Relation de Hubble

Bien qu'Edwin Hubble ne soit nullement un grand théoricien de l'astronomie, son nom se trouve honoré partout : « télescope spatial Hubble », « classification des galaxies de Hubble », « constante de Hubble », etc.

Hubble

Né dans le Missouri, Edwin Powell Hubble (1889-1953) a neuf ans lorsque sa famille déménage vers l'Illinois. Il y manifeste une remarquable aptitude pour l'athlétisme et le basket-ball, à la grande joie des équipes sportives de l'université de Chicago où il suit les cours d'astronomie. Lauréat d'une bourse de trois ans, il part en 1910 étudier à Oxford : à titre d'anecdote, il y participe à une exhibition de boxe contre Georges Carpentier, champion du monde des poids lourds. Après une brève carrière d'avocat, Hubble abandonne le métier de juriste pour préparer une thèse sur les nébuleuses à l'observatoire Yerkes[73]. Mais il doit interrompre sa recherche pour intégrer le corps expéditionnaire américain en partance vers l'Europe. À la fin de la Première Guerre mondiale, il revient en 1919 aux États-Unis avec le grade de major, et commence sa carrière d'astronome à l'observatoire du Mont Wilson.

73. L'observatoire Yerkes (qui dépend de l'université de Chicago) a été créé par George Ellery Hale en 1897 avec le financement du richissime Charles Yerkes. Jusqu'à la fondation en 1904 de l'observatoire du Mont Wilson (créé également par Hale avec le financement, cette fois-ci, de l'Institution Carnegie de Washington), Yerkes était le plus grand observatoire de la planète grâce à son réfracteur de 40 pouces (102 cm). Il faudra attendre 1908 pour que l'observatoire du Mont Wilson soit équipé avec le télescope Hooker de 100 pouces (2,5 m), avec lequel Hubble découvrira la vitesse de récession des galaxies.

Télescope du Mont Wilson

Grâce au télescope Hooker de 2,5 m, Hubble ne tarde pas à localiser plusieurs céphéides. Ceci lui permet, en 1924, de communiquer à l'American Astronomical Society qu'il vient d'identifier des nébuleuses spirales extragalactiques, parmi lesquelles Andromède qu'il situe à 800 000 années-lumière[74]. Il repousse ainsi, d'un seul trait de plume, les frontières de l'Univers connu, rendant irrémédiablement caduc l'un des points d'achoppement du 'Grand Débat'. Un des premiers à apprendre cette nouvelle sera Shapley, qui s'exclamera : « Voici la lettre qui a détruit mon Univers ! »[75].

D'autre part, Hubble assure que certaines galaxies spirales sont de véritables grappes d'étoiles, probablement plus riches que la Voie lactée, ouvrant grandes les portes à la cosmologie des « univers-îles ». Il établira plus tard une classification systématique des nébuleuses selon leur forme, classification encore en usage.

---

74. Dans les années cinquante, Walter Baade rectifiera les calculs de Hubble et placera Andromède à environ 2 millions d'années-lumière.

75. Cité par I. Navikov et A. Sharov, *Hubble, l'inventeur du Big Bang* (voir bibliographie), p. 69.

Le nom de Hubble restera à jamais attaché à cette phrase écrite en 1929, qui résume la « relation de Hubble », très souvent dénommée « loi de Hubble » : « Le spectre des galaxies présente un décalage spectral systématique vers le rouge et proportionnel à leur distance. »[76] En d'autres termes, une galaxie deux fois plus distante s'éloigne deux fois plus vite. Mathématiquement, cela établit, pour chaque galaxie, une proportionnalité entre vitesse et distance, traduite par $v = H_0 \times d$ (v étant la vitesse de récession, d la distance de la galaxie et H_0 la constante de Hubble)[77].

En collaboration avec Milton La Salle Humason (1891-1972), il aboutit à ce résultat en interprétant le décalage spectral de la lumière des galaxies vers le rouge à l'aide de l'effet Doppler-Fizeau. Ils remarquent pourtant certaines anomalies, notamment pour Andromède dont la lumière se déplace vers le bleu. De nos jours, cette particularité s'explique en partie par la rotation de notre Galaxie, phénomène qui engendre une approche localisée des galaxies voisines comme Andromède.

Plus que cette exception aisément explicable, le plus gênant est la généralisation à l'ensemble de l'Univers d'une relation que Hubble et Humason établissent en observant une petite poignée de galaxies proches, à moins de 100 millions d'années-lumière. De nombreux astronomes essayeront donc de prendre cette loi en défaut. Or, jusqu'à nos jours, moyennant des approximations, elle a résisté à toutes les vérifications, aussi loin que porte le regard de nos meilleurs instruments. Cependant, la multiplication des observations et l'amélioration des instruments va imposer sans cesse des changements dans la valeur numérique de la constante H_0 (voir p. 123) : il s'agit d'un rare exemple de « constante »... variable[78]. Ceci est d'autant plus regrettable que ces variations vont entraîner d'autres conséquences gênantes pour les astronomes. En effet, H_0 sert à son tour de paramètre pour évaluer les distances des galaxies lointaines et l'âge de l'Univers (voir pp. 122-123).

---

76. Le spectre d'une galaxie est en réalité la superposition des spectres des étoiles qui la composent. Cependant, seules quelques raies (comme les H et K du calcium ionisé) sont suffisamment nettes pour permettre l'étude.

77. Dans le système international d'unités, « v » doit se mesurer en m/s, « d » en m et « H_0 » en 1/s. Cependant, ces unités ne conviennent pas dans le cas où l'on utilise km/s pour « v », mégaparsec pour « d » et km/s par mégaparsec pour « H_0 ». Un mégaparsec (Mpc) est égal à 3 262 000 années-lumière ou $3{,}086 \times 10^{13}$ km.

78. Le mot « constante » convient mal pour cette grandeur dont la valeur n'est pas bien connue. Il aurait été plus judicieux de l'appeler « paramètre » ou « facteur de proportionnalité ».
D'autre part, notons aussi que nos télescopes observent de plus en plus loin. Si la vitesse de récession des galaxies devait augmenter proportionnellement avec la distance, elle finirait par dépasser celle de la lumière. Or, ceci est absurde dans le cadre de la relativité. Voici pourquoi cette proportionnalité cesse pour les objets lointains, et la « constante » de Hubble change pour adopter des corrections relativistes.

D'ailleurs, à propos du calcul des distances, signalons que Marc Lachièze-Rey affirme sans détour dans l'article « Cosmologie » (*Encyclopédie Universalis*) : « Il n'existe pas vraiment de méthode précise pour estimer la distance d'une galaxie. »

Fin de l'Univers statique d'Einstein

On se doute que le mouvement de fuite des galaxies fragilise irrévocablement le modèle d'Univers statique d'Einstein, permettant ainsi à l'abbé Lemaître de lui donner l'estocade finale.

Lemaître

Lemaître et Einstein

Né de l'union d'un verrier et de la fille d'un brasseur, le belge Georges Lemaître (1894-1966) fait ses classes secondaires au Collège jésuite de Charleroi. Il vient juste de commencer une école d'ingénieur lorsque la guerre l'oblige en 1914 à interrompre sa formation pour servir dans l'artillerie. À la fin du conflit, Lemaître entreprend des études de mathématiques et de philosophie thomiste, où il découvre sa vocation religieuse. C'est donc tardivement, en 1920, qu'il entre au séminaire de Malines, d'où il sortira prêtre trois ans après : il s'y adonne pendant sa préparation à la relativité d'Einstein. En 1936, il entre à l'Académie pontificale des sciences : il deviendra son président de 1960 jusqu'à sa mort en 1966.

En 1923, Lemaître se rend en boursier à Cambridge auprès d'Eddington. Il part ensuite aux États-Unis, plus précisément à Harvard College Observatory, établissement où se trouve Shapley, et se dirige ensuite vers le Massachusetts Institute of Technology, où travaillent Slipher et Hubble. Il y assiste à une conférence de Hubble où le savant évoque ses recherches sur la vitesse de fuite des nébuleuses extragalactiques.

En 1927, Lemaître profite de ce renseignement pour rédiger *Un Univers homogène de masse constante et de rayon croissant, rendant compte de la vitesse radiale des nébuleuses extragalactiques*. Le titre trahit l'intention de l'auteur : bâtir un modèle d'univers en expansion dont le rayon de courbure croît avec le temps. Lemaître y reprend la vision de Friedmann, alors qu'il ne la connaît pas. Une différence toutefois : Lemaître étaye son argumentation avec des résultats d'observation, en particulier en énonçant, avant Hubble, la proportionnalité entre la vitesse de fuite des galaxies et leur distance, relation connue, on l'a vu, sous le nom de « relation de Hubble ».

En octobre 1927, Lemaître soumet son modèle à Einstein qui se trouve à Bruxelles pour le cinquième congrès Solvay. Mais Einstein le traite avec dédain. Voici comment l'abbé enregistre ce moment pénible :

> « Dans les allées du parc Léopold, [Einstein] me parla d'un article, peu remarqué, que j'avais écrit l'année précédente sur l'expansion de l'Univers et qu'un ami lui avait fait lire. Après quelques remarques techniques favorables, il conclut en disant que du point de vue physique cela lui paraissait tout à fait abominable. »

Les résultats publiés par Hubble ébranlent les certitudes d'Einstein après qu'Eddington se soit rallié en 1930 aux hypothèses de Lemaître. Einstein décide donc de réviser sa théorie, probablement lors de sa visite à l'observatoire du Mont Wilson (1930). Toujours est-il que le père de la relativité attend une conférence en 1931 à l'université d'Oxford pour enterrer son modèle statique, en reconnaissant que Friedmann et Lemaître l'avaient théoriquement devancé. Fidèle à son habitude, Einstein y pose néanmoins une énigme, à laquelle il n'a pas de réponse : où l'expansion de l'Univers a-t-elle commencé ? En effet, l'idée de la récession des galaxies conduit inévitablement à ce sujet qui n'a rien d'anodin : il cache l'un des problèmes les plus ardus de l'actuelle cosmologie.

En 1932, Einstein et De Sitter proposent une solution dynamique appelée « modèle Einstein-De Sitter ».

L'« atome primitif » : Lemaître

Au moment même où Einstein rejoint Lemaître, ce dernier franchit un nouveau seuil : il parle désormais d'un « atome primitif », métaphore pour désigner l'objet singulier responsable de l'expansion. Soyons plus clair, il s'agit de l'ancêtre du Big Bang, bien que ce mot ne soit pas prononcé : il sera inventé beaucoup plus tard.

En s'appuyant sur la découverte de Hubble, il tient à peu près le discours suivant : l'expansion constatée des galaxies veut simplement dire qu'en des temps reculés elles étaient plus proches les unes des autres, confinées par conséquent dans un même endroit de l'espace, où la densité de matière était gigantesque. Il se demande donc si l'Univers n'a pas une origine, non seulement dans l'espace mais aussi dans le temps. Si les arguments de Lemaître ne prouvent pas l'existence d'un Créateur, ils définissent en tout cas le moment (et peut-être même l'endroit) où la Création aurait pu avoir lieu. En donnant un début à l'Univers, le savant lui donne une histoire, que les hommes peuvent essayer de retrouver.

En 1931, dans une thèse intitulée *L'expansion de l'espace*, Lemaître parle d'une première expansion explosive (comme un « feu d'artifice »), provoquée par la désintégration radioactive de l'« atome primitif », suivie de deux phases. Une de condensation, où les galaxies naissantes voient leur expansion contrecarrée par la gravitation, et une autre, celle d'aujourd'hui, où l'on assiste à l'expansion de l'Univers. En 1946, il peaufinera cette vision dans *L'hypothèse de l'atome primitif : essai de cosmogonie*. Les hypothèses de Lemaître sont en opposition frontale aux opinions alors majoritaires parmi les scientifiques d'un Univers statique ayant éternellement existé, donc d'un Univers incréé : en effet, s'il avait toujours existé, il n'aurait pas eu de commencement.

Au début, Einstein juge la thèse de Lemaître « inspirée par le dogme chrétien de la Création, et injustifiée sur le plan de la physique ».

Cette phrase qui met subrepticement en avant l'état ecclésiastique de Georges Lemaître résume la plupart des premières objections à l'atome primitif. En effet, certains savants rejettent cette proposition comme un réflexe conditionné, effarouchés par les croyances religieuses de l'abbé. S'il faut condamner cet artifice commode pour éluder le débat, il faut également dénoncer ceux qui, aujourd'hui, veulent faire croire que Lemaître avait une cosmologie indépendante de ses croyances. Lemaître, qui a fini sa carrière comme évêque, a toujours reconnu qu'il s'intéressait autant à la vérité du point de vue du salut qu'à la vérité scientifique. « Il m'apparaissait qu'il y avait deux chemins conduisant à la Vérité, a-t-il dit maintes fois lorsqu'il était interrogé, et je décidais de les suivre l'un et l'autre. » (voir note page 125)

Naissance du Big Bang

En 1948, George Gamow modernise la théorie de l'« atome primitif » et propose un modèle qui est à la base de l'actuel Big Bang : il postule que l'Univers était chaud à ses débuts, alors que Lemaître le croyait froid.

Gamow

George Gamow

L'intérêt de George Antonovich Gamow (1904-1968) pour l'astronomie s'éveille le jour de ses treize ans : en mars 1917, au moment où la Russie abat le pouvoir séculaire des tsars, son père, un enseignant du secondaire, lui offre un télescope. Son attirance pour la cosmologie naît probablement en 1922 à Odessa, sa ville natale, pendant qu'il suit les cours d'Alexandre Friedmann. Ce dernier, on le sait déjà, s'affaire alors à convaincre Einstein de l'expansion de l'Univers.

En 1923, Gamow entre à l'université de Petrograd (ancienne et actuelle Saint-Pétersbourg) et participe trois ans après à Göttingen à une école d'été sur la physique atomique, sujet en plein épanouissement, où il brille par sa connaissance fine de la question. Cela lui vaut une invitation de Niels Bohr à l'Institut de physique théorique de Copenhague en 1928. Il se rend ensuite à Cambridge pour étudier avec l'Autrichien Friedrich Houtermans (1903-1966) et l'Anglais Robert Atkinson (1898-1982). Pendant cette période, il émet des idées fécondes sur le rôle des fusions thermonucléaires dans la production de l'énergie solaire.

Lorsqu'il retourne à l'université de Petrograd (devenue entre temps Leningrad) en 1931, il n'a de cesse de quitter l'Union Soviétique, où règne la répression stalinienne. Quelques mois après, il entreprend une piteuse tentative de fuite avec son épouse : à bord d'une embarcation de fortune, où les provisions se réduisent à quelques biscuits – et deux bouteilles de vodka ! – il se lance dans la traversée à la rame de la mer Noire. Au début, tout se passe à merveille : « Je n'oublierai jamais, a-t-il écrit dans son autobiographie, la vue de ces marsouins éclairés par un Soleil qui plonge dans l'horizon. » Malheureusement, cette scène paisible se mue en tempête qui les renvoie vers la côte et... vers l'hôpital. Les juges feignent de croire qu'il s'agit d'un accident survenu au cours d'une promenade : Gamow peut donc reprendre ses activités universitaires. Curieusement, peu après, en 1933, les autorités acceptent imprudemment de l'envoyer participer au congrès de Solvay. Plus étonnant encore, elles autorisent son épouse à l'accompagner. Le couple Gamow quitte donc pour toujours l'Union Soviétique.

Après un bref séjour à Paris et à Londres, ils arrivent aux États-Unis en 1934. George Gamow fait un court passage par l'université du Michigan, avant de s'installer à George Washington University, dans la capitale américaine, où il reste jusqu'en 1956. Il finira ensuite sa carrière et sa vie au Colorado : bonne fourchette, il dira sur son lit de mort que « son foie réclame l'addition » des repas pantagruéliques et bien arrosés qu'il avait consommés.

Bien que Gamow se soit intéressé à la biologie, où il est l'un des précurseurs de l'idée de code génétique, c'est de la physique nucléaire et de l'astrophysique qu'il tire sa notoriété. En particulier, il donne une explication de la structure interne des géantes rouges, il collabore avec Edward Teller à la théorie de la désintégration bêta et avec le Brésilien Mario Schenberg à une thèse sur le rôle des neutrinos dans la disparition de l'énergie des étoiles. Avec beaucoup d'humour, ces deux bons vivants nomment ce phénomène « processus Urca », du nom du casino (aujourd'hui disparu) de Rio de Janeiro où l'argent des parieurs s'évanouissait très vite. Pour les besoins de la vulgarisation, Gamow crée le personnage de M. Tompkins, employé de banque, chargé d'exposer en langage amusant les concepts abstraits. *Tompkins in Wonderland* est un chef d'œuvre dans le genre.

Grâce à l'introduction de la notion de température, Gamow exploite les données de la physique nucléaire pour élucider de manière logique la formation des éléments pendant l'étape chaude initiale. En 1946, il entreprend de décrire avec son élève Ralph Alpher pour *The Physical Review* la nucléosynthèse primordiale, celle des premiers instants de l'Univers. Un épisode resté célèbre éclaire la personnalité de Gamow, homme qui n'a jamais perdu la gaieté de son enfance : à la dernière minute, il ajoute le nom de Hans Bethe[79] à l'article, sans même en informer l'intéressé ! Ainsi le texte

79. Né en 1906 en Allemagne, Hans Albrecht Bethe s'établit aux États-Unis pour fuir les persécutions nazies. En vue d'expliquer l'origine de l'énergie solaire, il conçoit avec Gamow en 1938 le cycle de fusion de deux protons en hélium. Peu après, il gagne un concours de l'Académie des sciences de New York et finance avec l'argent du prix la sortie de sa mère d'Allemagne : son article, qui élucide le cycle du carbone, cycle qui porte son nom, le conduira au Nobel de physique en 1967.

porte la signature « Alpher, Bethe, Gamow », subtile allusion à « alpha, bêta, gamma ». Y a-t-il mieux pour évoquer le commencement du monde que les trois premières lettres de l'alphabet grec ?

Mais le scénario de l'article alpha-bêta-gamma n'est plausible que pour les éléments légers comme l'hydrogène (et son isotope, le deutérium), l'hélium, le lithium, etc. Au-delà, il n'est guère convaincant, notamment pour le carbone, ce qui est particulièrement gênant pour élucider l'émergence de la vie. Des apports ultérieurs, aussi bien de Gamow que d'autres savants, corrigeront cette vue : on admet maintenant que les atomes plus lourds ont attendu l'apparition des étoiles pour se former.

Par ailleurs, Gamow a une inspiration qui le rendra illustre bien plus tard. Si l'Univers était chaud à ses débuts, raisonne-t-il, il a certainement dû laisser quelques vestiges en se refroidissant. Traduit en termes simples, Gamow postule que l'Univers baigne actuellement dans une énergie fossile, qu'il propose de rechercher sous la forme d'une température (c'est-à-dire d'un rayonnement diffus). En 1948, Robert Herman, qui adhère au groupe, attribue avec Alpher la température de 5 K à ce rayonnement fossile. Ils affineront ensuite leurs calculs pour aboutir au chiffre de 28 K. Pendant ce temps, Gamow, indépendamment d'eux, annonce aussi des résultats disparates pour le même phénomène, qui débutent par 3 K en 1950, finissent à 6 K en 1956, en passant par 7 K en 1953.

La première objection contre les thèses de Gamow ressemble à celle qui avait visé auparavant les idées de Lemaître : elle n'avait pas vraiment pour objet l'« atome primitif », mais l'expansion de l'Univers. Cet angle d'attaque semble d'autant plus légitime contre Gamow que, pour l'instant, il n'y a pas d'autres justifications à ses affirmations. Ainsi, les adversaires de Gamow vont exploiter un point faible de la théorie de l'expansion des galaxies : en effet, on obtient par la relation de Hubble un Univers trop jeune.

Âge de l'Univers

Si toutes les galaxies avaient un jour été localisées en un seul point (d'où aurait débuté leur mouvement de fuite), alors il est possible d'accéder approximativement par le calcul à cet instant initial. Moyennant quelques hypothèses simplificatrices, ceci peut se faire en inversant la constante de Hubble ($1/H_0$), que le savant avait estimé en 1929 à environ 550 km/s par mégaparsec. Or, l'âge qui en résultait, appelé aussi « temps de Hubble », environ 2 milliards d'années, fut presque aussitôt rejeté car il était absurde. En effet, on savait déjà dans les années trente que l'âge de la Terre dépassait certainement cette valeur, et l'Univers ne peut pas être plus jeune que notre planète !

Cependant, en 1952, un américain d'origine allemande, Walter Baade (1893-1960), modifiera les données du problème : il portera la valeur de la constante de Hubble à 270 km/s par Mpc, doublant donc l'âge de l'Univers, rendant ainsi plausibles les hypothèses de Lemaître et Gamow. Et cette tendance va se poursuivre avec les travaux d'autres astronomes : en 1956, la constante vaudra 180 km/s par Mpc ; puis 120 en 1957 ; 55 en 1974, etc. Actuellement, on lui en attribue entre 45 et 110, faisant ainsi passer l'âge de l'Univers de 2 milliards d'années en 1929 à environ 15 milliards aujourd'hui, à l'aube du XXIe siècle. Après la découverte de Hubble, l'Univers vieillit donc au rythme d'environ 200 millions d'années par an !

L'« état stationnaire »

Une opposition tenace aux thèses de Gamow vient de trois savants britanniques, dont le plus connu est Hoyle.

Hoyle

Fred Hoyle

Fred Hoyle (1915-2001) a vingt-quatre ans lorsque la guerre éclate, l'obligeant à interrompre ses études sur l'évolution stellaire à l'université de Cambridge. Dans les années 1950, il élabore avec l'Américain William Alfred Fowler (1911-1995) et le couple d'Anglais Geoffrey Burbidge et son épouse Margaret Peachey Burbidge une théorie dévoilant le processus de la nucléosynthèse des éléments lourds dans les étoiles. Plusieurs personnes estiment que Hoyle aurait également mérité le Nobel qui viendra récompenser en 1983 les travaux de Fowler dans ce domaine, prix que ce dernier partagera avec l'Indien Subrahmanyan Chandrasekhar (1910-1995). Hoyle est également l'auteur de plusieurs ouvrages de vulgarisation et de science-fiction, notamment le *Nuage Noir* (1957), *A comme Andromède* (1962) et bien d'autres.

Le moment décisif de la vie de Fred Hoyle comme physicien et cosmologiste a été la Seconde Guerre mondiale : engagé pour travailler au développement du radar pour la Royal Navy, il va se lier d'amitié avec deux savants d'origine autrichienne, Hermann Bondi et Thomas Gold. À la fin du conflit, les trois hommes se retrouvent ensemble à Cambridge, d'où ils mènent l'attaque contre la théorie de Lemaître.

En 1948, Bondi et Gold d'un côté et Hoyle de l'autre, exposent dans deux articles séparés les éléments de leur thèse commune. D'après eux, l'Univers est non seulement homogène et isotrope mais aussi inchangé dans le temps. En d'autres termes, ils disent que s'ils étaient nés un milliard d'années auparavant ou un milliard d'années plus tard dans le futur, ici ou sur une autre galaxie, ils auraient sous les yeux le même Univers qu'aujourd'hui. En résumé : le monde a toujours été et sera toujours identique à lui-même. Voici pourquoi on appelle leur théorie « état stationnaire » (« *steady state* » en anglais). Pour eux, le problème de l'âge de l'Univers ne se pose pas, celui-ci étant supposé éternel.

Les trois savants ne peuvent cependant pas ignorer l'expansion des galaxies révélée par Hubble, dont le résultat est celui d'éparpiller la matière cosmique. Comment alors concilier ce fait avec leur postulat d'immuabilité de l'Univers ? Ils proposent tout simplement de compenser cet effet de dilution par une création continue de matière, justifiant ainsi cette autre appellation « création continue » également donnée à leur thèse. D'après leurs calculs, il suffit qu'un seul atome d'hydrogène apparaisse par décimètre cube d'espace chaque milliard d'années ! « À ce rythme, le Génie créateur ne paraît pas trop se surmener », ironise George Gamow.

La situation est plus que cocasse : pour réfuter l'atome primitif, Bondi, Gold et Hoyle adoptent justement ce qu'ils contestent chez leurs adversaires : au lieu d'une seule « singularité », ils proposent une infinité de mini créations !

L'expression « Big Bang »

Pour ridiculiser la théorie de l'« atome primitif », Hoyle l'affuble du sobriquet de « Big Bang » lors d'un débat radiophonique vers 1948 : « *big* » venant de l'anglais

« grand » et « bang », onomatopée de bruit. Cette expression qui aurait dû terrasser ses adversaires, rebondit sur la figure de Hoyle comme un boomerang : une fois débarrassée de sa connotation péjorative, elle assure à la fois l'immortalité de Hoyle (qui devient pour la postérité l'inventeur de l'expression) et la fortune de la théorie qu'il essaie de combattre. Du moins, telle est l'opinion de l'astrophysicien français Jean-Claude Pecker : « La première raison du succès de cette théorie, dit-il, tient à l'expression même de 'Big Bang' (...) Je suis certain que le choix de ce mot – court, frappant et de surcroît étranger – a joué un rôle important dans son succès. »[80]

Pourtant, rares sont les astronomes qui s'intéressent alors aux supputations de Gamow et de ses amis sur la température fossile de l'Univers, par ailleurs difficiles à vérifier.

> « Pendant des années, avoue l'astrophysicien Hubert Reeves, la théorie de l'expansion universelle n'eut pas la cote. Quand j'étais étudiant aux États-Unis, vers les années 1960, on n'en parlait pas. Elle sentait le soufre. À cause de ses résonances 'bibliques' ? Qui sait ? »[81]

Hubert Reeves touche du doigt l'un des obstacles majeurs à l'acceptation du Big Bang de Gamow : sa connotation créationniste.

Pour bien comprendre ce problème, rappelons le contexte à la fin de la Seconde Guerre mondiale. Le monde entre alors dans la « guerre froide », période de compétition acharnée entre l'URSS et le « monde libre », métaphore occidentale pour désigner les États-Unis et quelques nations d'Europe, même si en Amérique le maccarthysme persécute Robert Oppenheimer. L'URSS, où il existe une « science officielle », exerce à ce moment-là une forte influence, inimaginable aujourd'hui, sur l'intelligentsia européenne. Ouvertement matérialiste et athée, le pays des soviets tient l'Église et les croyances pour suspectes : ses savants, suivis par nombre d'intellectuels de par le monde, rejettent donc, sans discussion, l'« atome primitif » et le Big Bang comme « théories créationnistes ». Ces imputations semblent d'autant plus crédibles que ces thèses sont inspirées par un croyant qui ne se dissimule pas : Lemaître[82].

80. Jean-Claude Pecker, *Science et Avenir*, n° 595, septembre 1996.

81. Hubert Reeves, *Patience dans l'azur*, Seuil, 1981, p. 43 (ou p. 46 dans l'édition de 1988).

82. En mars 1929, Lemaître, en conclusion à une conférence sur « La grandeur de l'espace », demanda à l'auditoire d'exprimer la gratitude « envers Celui qui a dit : je suis la Vérité, qui nous a donné l'intelligence pour la connaître et pour lire un reflet de Sa gloire dans notre Univers, qu'Il a merveilleusement adapté aux facultés de connaître dont Il nous a doués ». En 1946, il jugea bon de reproduire cette exhortation dans *L'Hypothèse de l'atome primitif*. En ce qui concerne Gamow, ajoutons qu'il nomma ses équations « courbes de la création divine » dans l'en-tête de son courrier (pour cette information, voir Jean-Pierre Luminet, *L'invention du Big Bang*, p. 164).

Ajoutons que Pie XII s'en mêle également, en prenant nettement position pour le Big Bang, baptisé pour l'occasion *Fiat Lux* en référence à l'ordre de Dieu pour que la lumière se fasse[83] :

> « Il me semble, en vérité, que la science d'aujourd'hui, remontant d'un trait de millions de siècles, a réussi à se faire le témoin de ce *Fiat Lux*, de cet instant où surgit du néant, avec la matière, un océan de lumière et de radiations, tandis que les particules des éléments chimiques se séparaient et s'assemblaient en millions de galaxies. »[84]

Il s'agit bien entendu d'une interprétation non littérale des *Écritures*. Ceci n'empêche pas un autre pape, Jean-Paul II, de partager cette opinion, comme le raconte Stephen Hawking :

> « [En 1981] mon intérêt pour l'origine et le destin de l'Univers fut réveillé au cours d'une conférence sur la cosmologie organisée au Vatican par les jésuites. (....) À la fin de cette conférence, les savants se firent accorder une audience avec le pape qui estima que c'était une bonne chose d'étudier l'évolution de l'Univers depuis le Big Bang, mais que nous ne devrions pas nous occuper du Big Bang lui-même parce que c'était le moment de la Création et donc l'œuvre de Dieu. »[85]

Au début des années 1950, le Big Bang se trouve en mauvaise posture, sous les feux croisés des partisans de l'« état stationnaire » et des railleries de l'intelligentsia de gauche. Ainsi, les calculs de Gamow en 1956 (dont nous avons parlé plus haut) sont accueillis dans l'indifférence. Ils sortiront de l'hibernation une décennie plus tard, avec la mise en évidence du rayonnement cosmologique, dénommé souvent « bruit de fond de l'Univers » ou encore « rayonnement fossile » par les partisans du Big Bang.

Rayonnement cosmologique

En 1965, Arno Penzias et Robert Wilson feront une découverte qui les conduira au prix Nobel en 1978. En effet, ils réalisent ce qu'un autre Nobel de physique (1979), Steven Weinberg, considère comme étant « l'une des découvertes scientifiques les plus importantes du XXe siècle »[86] : ils détectent, par hasard, dans leur poste de radio, un étrange bruit (correspondant à une longueur d'onde de 7,35 centimètres) capté par l'antenne qu'ils installent pour le compte de la Compagnie Bell de New Jersey.

---

83. « Dieu dit : 'que la lumière soit' et la lumière fut. » (Genèse I-3)
84. Discours de Pie XII devant l'Assemblée pontificale des sciences le 22 novembre 1951.
85. Stephen Hawking, *Une brève histoire du temps* (voir bibliographie), pp. 149-150.
86. Steven Weinberg, *Les trois premières minutes de l'Univers* (voir bibliographie), p. 145.

Comparable aux parasites que l'on entend parfois dans un récepteur radio un jour d'orage, ce bruit vient de toutes les directions de l'espace. Incapables de comprendre l'origine de ce phénomène, Penzias et Wilson procèdent à tous les réglages possibles pour l'éliminer. Ils nettoient y compris la « matière blanche diélectrique » déposée par un couple de pigeons, métaphore pudique pour dire « fientes ». Finalement, ils s'avouent vaincus et révèlent leur incompréhension dans *Astrophysical Journal* (juillet 1965).

Robert Dicke, James Peebles, Peter Roll et David Wilkinson, tous les quatre de l'Université de Princeton, apprennent cet exploit, saisissent l'information au bond, identifient immédiatement ce bruit au rayonnement fossile et s'accaparent une part de la gloire. Par la suite, les données de Penzias et Wilson seront maintes fois confirmées, notamment en 1990 par le satellite COBE (Cosmic Background Explorer)[87].

Dépités de s'être fait voler la vedette, Gamow, Alpher et Herman revendiquent leur anticipation théorique de cette température, mais devront attendre l'intervention de Steven Weinberg pour que leur priorité soit reconnue, et assurer ainsi la supériorité du modèle du Big Bang.

La révélation du rayonnement cosmologique assomme définitivement l'hypothèse de l'« état stationnaire », qui était déjà mal en point : en 1964, Fred Hoyle avait en effet déjà reconnu que son modèle ne pouvait pas expliquer l'abondance de l'hélium dans l'Univers. Il doit maintenant admettre son incapacité à élucider ce rayonnement (voir l'encart « À propos du rayonnement cosmologique », p. 134).

Le Big Bang ne cessera donc plus de gagner des adeptes, devenant à présent l'hypothèse cosmologique la plus acceptée. Cette théorie permet en outre d'ajouter une dimension historique inexistante dans les thèses concurrentes, et de relier la physique des particules à celle des étoiles, c'est-à-dire la science de l'infiniment petit à celle de l'infiniment grand, aller du microscopique aux étendues couvrant des milliards d'années lumières.

Le Big Bang

Les chronologies pour le Big Bang sont très variées. Nous donnons ci-dessous un schéma rapide qui semble résumer l'opinion du plus grand nombre. Le lecteur désirant d'autres informations peut se reporter à la bibliographie.

Les descriptions du Big Bang commencent toujours à 10^{-43} secondes de l'instant « zéro », durée nommée « temps de Planck ». Pourquoi les savants se limitent-ils à un laps de temps si minuscule, de milliards de milliards de milliards de milliards

87. Il révèle la valeur de 2,736 K avec une fluctuation d'un point à l'autre du ciel de 0,017 K.

de fois inférieur à celui d'un flash photographique ? Parce que cet instant zéro est une « singularité », un point où la densité de matière est infinie, où les lois de notre physique ne s'appliquent donc pas. Pour accéder même au temps de Planck, les physiciens cherchent encore des théories dites d'« unification ». D'abord la Grande Unification (GUT en anglais). Les GUT (il existe plus d'une théorie) sont supposées réunir trois des quatre interactions qui gouvernent notre monde : l'électromagnétique, qui rend compte du déplacement des électrons dans l'atome, et les interactions nucléaires « faible » et « forte » présentes dans les phénomènes radioactifs. Une unification encore plus ambitieuse, dénommée SUSY (Super Symétrie), se propose d'englober aussi l'interaction gravitationnelle (qui commande la chute des corps et le mouvement des astres). Or, on en est loin : si les savants ont déjà réussi à associer les interactions électromagnétique et faible dans la théorie « électrofaible », les autres tentatives sont pour l'instant restées vaines.

◆ *Avant le temps de Planck (10^{-43} secondes)*

Phase inaccessible. On n'explique ni le Big Bang ni ce qu'il y avait « avant ». Les partisans de cette théorie disent que l'expression « avant le Big Bang » n'a aucun sens car le temps lui-même n'existait pas. Ils refusent également d'associer le Big Bang à une « Création » (du monde) et parlent plutôt de « point singulier » ou de « singularité ».

◆ *Entre le temps de Planck et 10^{-32} secondes*

Pendant cet intervalle de temps, la gravitation se sépare des trois autres forces. Alan Guth, Paul Steihardt, Andrei Linde, Andres Albrecht et d'autres y placent une « période inflationnaire » où l'Univers augmente sa taille initiale par un facteur variable selon les auteurs de 10^{27} à 10^{50}. Attention aux puissances de dix : la distance Terre-Soleil est « seulement » 10^{13} fois plus grande que la tête d'une épingle !

◆ *Entre 10^{-32} et 10^{-12} secondes*

Durant cette phase, il y a la séparation de la force forte. Malgré l'inflation précédente, l'Univers se logerait encore dans une noix de coco. Dans une température d'environ 10^{25} degrés, l'énergie se transforme en matière dans une soupe primitive de quarks et d'antiquarks. Il s'agit d'un processus dynamique où la matière devient énergie et *vice versa*. Il y a un très léger excédent de matière qui provoque finalement la disparition de l'antimatière[88].

88. L'antimatière est l'image en miroir de la matière en ce qui concerne la charge. Ainsi, le correspondant du proton (particule positive) est l'anti-proton de même masse mais de charge négative. La plupart des particules fondamentales ont des antiparticules : pour l'électron le positron (i.e. anti-électron), pour le neutrino l'antineutrino, pour les quarks les antiquarks etc. Matière et antimatière s'autodétruisent (on dit s'« annihilent ») : aussitôt qu'elles se rencontrent, elles disparaissent mutuellement en donnant notamment des photons (i.e. lumière). L'énergie dégagée par cette annihilation correspond à la masse de matière et d'antimatière disparue selon l'expression d'Einstein $E = mc^2$.

◆ *Entre 10^{-12} et 10^{-6} secondes*

C'est alors que survient l'éclatement de l'interaction électrofaible, c'est-à-dire la séparation des forces électromagnétique et faible. La température descend à 10^{15} degrés, et apparaissent les leptons (électrons, muons, etc.). La taille de l'Univers reste très modeste : elle ne dépasse pas le double de l'actuelle distance Terre-Soleil. Attention : il s'agit d'une simple comparaison, car ni la Terre ni le Soleil n'existent encore.

◆ *Entre 10^{-6} et 10^{-4} secondes*

L'Univers prend pendant cette durée une dimension équivalente à celle de notre système solaire (qui n'existe pas encore, bien entendu). Apparaissent les hadrons (protons, neutrons et mésons) et la température (10^{13} degrés) ne permet plus la matérialisation des photons (c'est-à-dire la lumière). En d'autres termes, l'énergie ne se transforme plus en masse.

◆ *Entre 10^{-4} et 1 seconde*

La température de 10^{10} degrés empêche le regroupement des particules sous forme d'atomes. On assiste à l'hécatombe des leptons qui se transforment en photons : un seul lepton sur un milliard survivra.

◆ *De 1 seconde à 3 minutes*

La température de 10^{6} degrés permet aux protons et aux neutrons de s'assembler en noyaux stables de deutérium, d'hélium et d'autres éléments légers. En revanche, l'élaboration des noyaux lourds devra attendre la formation des étoiles. (Note : un proton isolé est un noyau d'hydrogène, ce qui explique donc l'abondance de cet élément dans l'Univers.)

◆ *De 3 minutes à 300 000 ans*

La température descend à 4 000 degrés. Les noyaux capturent des électrons et forment des atomes stables. Vers la fin de cette période, les photons s'échappent dans l'Univers qui devient transparent. Le résidu de ce rayonnement constitue la « température fossile » de 2,76 K ou « rayonnement cosmologique ».

◆ La dernière étape, celle que nous vivons actuellement, commence 300 000 ans après le Big Bang. Elle voit la naissance des étoiles, du système solaire, de la Terre et de la vie, etc.

Cosmologies alternatives au Big Bang

« Je ne veux pas dire qu'il ne saurait pas exister des lois
que nous n'ayons pas découvertes. »
Lord Kelvin

Jusqu'à présent, la théorie du Big Bang a surmonté la plupart des objections.

Néanmoins, subsistent encore des critiques émanant de savants dont les opinions sont tout autant disparates que minoritaires. Mais le terrain de la science n'est pas celui de la démocratie, un homme seul peut avoir raison contre le monde entier : un référendum à l'époque de Galilée aurait certainement indiqué 99,99 % de voix favorables à l'immobilité de la Terre !

Voici pourquoi on aurait tort de dédaigner les explications marginales. D'ailleurs, nombre d'astrophysiciens favorables au Big Bang les prennent au sérieux, comme Trinh Xuan Thuan : « Une théorie qui rallie la majorité des voix n'est pas nécessairement la bonne. La plupart de ceux qui l'ont adoptée l'ont fait, non pas au terme d'un examen critique, mais peut-être par conformisme et par inertie intellectuelle, simplement parce que cette théorie était défendue par quelques chefs de file particulièrement éloquents. »[89] Pourtant, l'un des adversaires les plus tenaces du Big Bang, l'astrophysicien Jean-Claude Pecker, s'estime peu écouté : « Ce qui me trouble le plus, ce ne sont pas tant les contradictions du Big Bang que le conservatisme scientifique qui rejette les autres théories cosmologiques, simplement parce qu'elles ne sont pas conformes. Nous disposons aujourd'hui d'une façon d'interpréter l'Univers [c'est-à-dire le Big Bang]. Mais personne ne sait s'il n'existe pas une autre interprétation possible... De la même façon, jusqu'en 1830, les scientifiques n'avaient pas les moyens de démontrer que c'était Copernic qui avait raison par rapport à Ptolémée. »[90]

Il faut reconnaître que le combat contre le Big Bang n'est pas aisé. Pas seulement en raison de l'ostracisme dont se plaint Jean-Claude Pecker mais aussi parce que cette thèse est souple. En incorporant toutes sortes de contributions, pourvu que celles-ci préservent la « singularité » et l'expansion de l'Univers, le Big Bang se métamorphose continuellement, réduisant ainsi les prises des adversaires.

État quasi stationnaire

Vers les années 1980, Fred Hoyle améliore son modèle précédent en proposant une variante dite « quasi stationnaire », élaborée avec l'Indien Jayant Vishnu Narlikar et le couple Geoffrey et Margaret Burbidge. Cependant, maintenant, le sens du mot

89. Trinh Xuan Thuan, *La mélodie secrète – Et l'homme créa l'Univers* (voir bibliographie), p. 323.
90. Jean-Claude Pecker, *Science et Avenir*, n° 595, septembre 1996.

« stationnaire » diffère de celui utilisé précédemment par le même Hoyle. En l'occurrence, il s'agit ici d'une hypothèse oscillante, où l'espace verrait sa densité de matière passer d'un état maximal à un état minimal, avant de recommencer indéfiniment ce cycle. Attention, cet Univers oscillant en accordéon a peu de choses en commun avec celui dénommé « phénix » auparavant (voir p. 110) : en effet, l'Univers de l'état quasi stationnaire n'a pas de singularités. En d'autres termes, il ne retrouve jamais des points de dimension nulle et de densité infinie de matière.

Pour Pecker, l'hypothèse de l'état quasi stationnaire a « toutes les qualités du Big Bang en ce qui concerne les faits observés, tout en utilisant très peu de paramètres ». Si tel est le cas, on peut se demander pourquoi la communauté scientifique ne l'adopte pas. Voici la réponse du savant : « [Ce modèle] ne fait évidemment pas intervenir des densités où GUT ou SUSY[91] se produiraient. Il ne satisfait donc pas le besoin intellectuel des physiciens des particules[92]. »

Théorie de la « lumière fatiguée »

Une des plus anciennes objections au Big Bang, parfois citée comme théorie de « la lumière fatiguée » ou du « photon fatigué » ou encore du « vieillissement de la lumière », récuse l'interprétation habituelle du glissement vers le rouge du spectre des galaxies.

Pour les tenants de la fatigue de la lumière, ce décalage spectral ne prouve pas nécessairement l'expansion de l'Univers (expansion que Hubble, disons-le, n'a jamais admise). Ils suggèrent, au contraire, que le rougissement pourrait résulter d'une interaction inconnue entre les photons et le milieu sidéral. Défendue d'abord par Fritz

Jean-Claude Pecker

91. Pour la signification de GUT et SUSY, voir l'encart « Le Big Bang », p. 128.
92. Jean-Claude Pecker, *L'Univers exploré, peu à peu expliqué* (voir bibliographie), p. 276.

Zwicky (1898-1974), puis par Findlay-Freundlich[93] et le futur Nobel de physique 1954, Max Born (1882-1970), cette théorie, qui suppose non nulle la masse du photon au repos, relie aisément la distance des galaxies avec le déplacement vers le rouge des raies spectrales.

La thèse du « vieillissement de la lumière » qui reparaît dans les années 1950 sous les plumes de Jean-Pierre Vigier (1920-2004) et Jean-Claude Pecker reste toujours soutenue par ce dernier dans un ouvrage paru en 2004[94].

La controverse sur les quasars

D'autre part, l'astrophysicien américain Halton Arp attaque le Big Bang par le biais des quasars. Quasar est la contraction de l'expression anglaise *quasi stellar object*. Ces objets ont d'abord été détectés par les radioastronomes lors des premières cartes radio du ciel dans les années 1950, mais il a fallu attendre la décennie suivante pour qu'ils soient localisés par les télescopes. Rien ne ressemble à ces corps célestes : la luminosité des quasars peut dépasser de mille fois celle d'une galaxie ordinaire alors qu'ils sont parfois cent mille fois plus petits. Certains prétendent qu'ils sont des embryons de trous noirs, c'est-à-dire des corps si denses et compacts que même la lumière ne peut s'en échapper (voir note p. 63).

L'analyse du fort décalage spectral des quasars avec la loi de Hubble conduit à les situer aux confins de l'Univers imaginé par la théorie du Big Bang. En effet, les plus proches seraient à 2 milliards d'années-lumière et les plus éloignés à 14 milliards. Les quasars seraient donc les objets les plus lointains dans le temps et dans l'espace jamais observés.

Halton Arp, qui a commencé sa carrière comme assistant de Hubble et travaillé aux observatoires de Mont Palomar et de Mont Wilson, critique cette interprétation. Il plaide pour une autre explication au décalage spectral des quasars vers le rouge, sans nous dire laquelle. Dans *Quasars, Red shifts and Controversies*[95], il publie des images révélant l'existence de liaisons entre certains quasars et des galaxies proches, lui permettant donc de dire que ces objets ne sont guère éloignés[96]. Les partisans du Big Bang, qui contestent cette affirmation, attribuent une partie de ces liaisons aux mirages gravitationnels et parlent d'alignements fortuits provoqués par effet de perspective pour les autres. Cependant, Arp ne désarme pas : tout comme les partisans de la fatigue

---

93. Né d'un père allemand, Erwin Freundlich ajoutera à son nom « Findlay », patronyme de sa mère qui était anglaise, lorsqu'il viendra s'établir en Écosse. Il deviendra alors Erwin Findlay-Freundlich.
94. Jean-Claude Pecker, *L'Univers exploré, peu à peu expliqué* (voir bibliographie).
95. Interstellar Media, 1987.
96. On peut voir ces images dans http://www.haltonarp.com/

Halton Arp

de la lumière, il insiste : il faut essayer de trouver d'autres causes que l'effet Doppler-Fizeau pour expliquer certains décalages spectraux[97]. Or, ceci est impossible sans faire voler en éclats l'ensemble de l'astrophysique et de la cosmologie moderne, fortement fondées sur cet effet.

D'autres théories alternatives ont également été élaborées, trop complexes pour ce livre, comme celle du Nobel de physique 1970, Hannes Alfvén (1908-1996), qui attribue l'expansion de l'Univers à la rencontre de nuages de matière et d'antimatière (pour l'antimatière, note p. 128). Il n'hésite pas à classer le Big Bang dans les mythologies : « Le Big Bang est un mythe. Peut-être un merveilleux mythe qui mérite une place d'honneur dans un zoo qui contiendrait déjà le mythe hindou d'un Univers cyclique, l'œuf cosmique chinois, le mythe biblique de la Création en six jours, le mythe cosmologique de Ptolémée et bien d'autres. »[98]

N'oublions pas que les partisans du Big Bang se montrent eux aussi actifs, comme Jean-Pierre Luminet qui propose une topologie originale dénommée « Univers chiffonné » (voir bibliographie).

97. Dans *Seeing Red – Red shifts, Cosmology and Academic Science* (Apeiron, Montreal, 1998), Halton Arp revient sur sa théorie et affirme que son non-conformisme lui a valu son éloignement des grands télescopes américains.
98. Hannes Alfvén, « La cosmologie : mythe ou science », *La Recherche*, n° 69, 1976, p. 610.

À propos du rayonnement cosmologique

On lit souvent que la théorie du Big Bang est la seule explication possible à l'existence de la température 2,76 K, dite rayonnement cosmologique. Voici pourtant ce qu'écrit Jean-Claude Pecker (dans *L'Univers exploré, peu à peu expliqué*, pp. 201-202) :

> « Au début du XXe siècle, ignorant les mesures de Hubble qui devaient amener celui-ci en 1929 à proposer un Univers en expansion, plusieurs auteurs, Guillaume*, Regener**, Nernst et Eddington calculèrent la température d'équilibre que devait avoir le rayonnement, dans l'hypothèse d'un Univers stationnaire de durée infinie, ayant atteint un certain équilibre entre matière et rayonnement. Ils obtinrent des valeurs plutôt, et même franchement, meilleures que les prévisions de Gamow, Alpher et Herman.
>
> Pour ne citer que le dernier en date, Eddington, dans son fameux livre, *The Internal Constitution of Stars*, obtient la valeur de 3,8 K. Compte tenu des nombreuses incertitudes du calcul, il s'agit là d'une remarquable prédiction. Personne à l'époque [de la découverte du rayonnement cosmologique par Penzias et Wilson...] n'a affirmé qu'il s'agissait là d'une « preuve » éclatante de la validité de l'Univers stationnaire ! Et pourtant.
>
> Au temps de Gamow, quelques-uns n'acceptaient pas le modèle de Friedmann-Lemaître et refusèrent les calculs de Gamow. Parmi ceux-là, Findlay-Freundlich et Max Born, tous deux installés après guerre en Écosse, ont suggéré (comme Zwicky avant eux et quelques autres) que le décalage vers le rouge des raies spectrales des galaxies lointaines était dû non pas à leur vitesse d'éloignement, mais à une interaction entre les photons qu'elles émettaient et l'espace parcouru [c'est-à-dire la 'théorie de la lumière fatiguée']. Ils proposèrent des interactions photon-photon et calculèrent une température résiduelle de fond de ciel de 1,7 à 2,2 K. Ces articles, parus en 1954 et 1955 dans des revues peu lues, passèrent inaperçus. Personne [après 1965] n'y accorda la moindre attention, le big bang était alors considéré comme acquis, et cette bataille apparut désormais comme une bataille d'arrière-garde. »
>
> (*) Charles-Édouard Guillaume (1861-1938), prix Nobel de physique 1920.
> (**) Erich Regener (1881-1955).

Conclusion

« Nous sommes ignorants, c'est bien connu, et nous ne connaissons même pas l'étendue de notre ignorance. »

Charles Darwin

Le mot « scientifique » pour désigner les personnes qui s'occupent de déchiffrer les phénomènes naturels est un terme récent.

Dans l'Antiquité, on parle de « philosophe », au Moyen Âge chrétien de « théologien » et, à partir de la Renaissance de « philosophe naturel ». À quelques exceptions près, les savants sont imprégnés de métaphysique.

Lors du procès de Galilée en 1633, rares sont ceux qui s'étonnent de voir le pouvoir religieux exercer la police de l'intelligence. Pourtant, c'est à ce moment-là que l'emprise de la théologie sur la science commence à décliner : beaucoup de philosophes, notamment cartésiens, se posent en adversaires des antiques interprétations. Ils ne sont pas athées, mais recherchent des explications naturelles aux phénomènes naturels et prônent une science débarrassée des notions magiques. Newton, lui aussi profondément croyant, fonde à la fin du XVIIe siècle une mécanique rationnelle nullement gênée par l'intervention de Dieu dans les affaires planétaires. Vers 1750, la machine de l'incroyance s'emballe et, à la fin du siècle, Laplace résume l'état d'esprit qui va dorénavant prospérer, en disant qu'il n'avait pas eu besoin d'une hypothèse divine pour expliquer le monde. Les insurrections de 1848 font non seulement jaillir les philosophies ouvrières en Europe, mais renforcent le positivisme : nombre d'érudits chargent désormais la science de conduire l'humanité vers le bonheur. Lorsque Darwin apparaît en 1859, sa théorie de l'évolution s'impose d'autant plus facilement que les gens cultivés amalgament maintenant science et progrès.

Mais il y a loin de la victoire formelle à la complète adhésion des esprits. La résistance inconsciente à la notion d'évolution reste ancrée, y compris dans la tête d'êtres aussi brillants qu'Einstein. Son refus d'une cosmologie dynamique relève tout autant de considérations physiques que d'appréciations subjectives. Faut-il s'en étonner ? Surtout pas. Même les hommes les plus illustres subissent le poids des préjugés : comme le commun des mortels, ils ne peuvent s'empêcher de regarder la nature avec leur subjectivité.

À bien des égards, telle est la situation actuelle par rapport au Big Bang. À côté des scientifiques qui cherchent à interpréter la Nature, il y a une foule de personnes qui, pour des raisons purement philosophiques, souhaitent l'échec ou la victoire de cette théorie. Certains papes, par exemple, prient pour son succès avec l'espoir d'identifier l'« instant zéro » au *Fiat Lux* de la Création.

Le Big Bang apporte incontestablement à la cosmologie une dimension historique, inexistante dans la thèse qui suppose l'Univers immuable. Mais ceci n'est guère une innovation puisque les chrétiens du Moyen Âge l'avaient pratiquée. Il est vrai qu'ils réduisaient l'histoire de l'Univers à une affaire où le comportement des hommes comptait plus que le mouvement des plaques tectoniques. Cependant, en dépit de leur absurdité, ces chronologies bibliques ont préparé les esprits à comprendre que l'Univers peut avoir une histoire plus que ne l'avait fait la philosophie d'Aristote. En effet, le monde immuable du philosophe grec offrait, certes, le confort de l'immortalité, mais empêchait les hommes de se pencher aussi bien sur son passé que sur son devenir.

Quelle est la forme du monde ? Est-il fini ou infini ? Dans l'état actuel de nos connaissances, il est chimérique de vouloir esquisser la moindre réponse. Une chose est cependant certaine : des milliards de galaxies trônent dans les étendues incommensurables de l'espace, chacune peuplée de milliards d'étoiles. Combien ont-elles de systèmes planétaires ? Si par magie, Athéna, la déesse grecque de la sagesse, devait nous gratifier d'un répertoire où chaque planète serait décrite par une seule ligne, combien de temps faudrait-il à un écolier pour le lire ? Sa vie ne lui suffirait pas. D'ailleurs, le Soleil aurait déjà cessé d'exister avant qu'il ne tourne la dernière page. Devant la brièveté de notre vie et notre insignifiance dans l'Univers, à quoi bon ces discussions, sinon à nourrir les rêves ?

Rêver est essentiel, surtout pour les jeunes. Il y a longtemps que nous, les enseignants, avons compris que la cosmologie est un des rares domaines où, avec notre seule parole, nous pouvons rivaliser avec les puissants moyens audio-visuels, si nous savons éveiller l'imagination. Pourtant, sauf dans nos songes, aucun de nous ne touchera jamais une étoile ou un autre système planétaire.

Puisse ce livre permettre à nos jeunes de s'évader dans le cosmos ! Il aura rempli sa mission s'il devait seulement leur indiquer où se trouve la limite de notre connaissance. Je fais miennes ces belles paroles d'Evry Schatzman : « Les citoyens ont certes le droit de rêver, c'est même à mes yeux l'un des attraits majeurs de l'astrophysique que de relancer sans cesse les rêves sur des voies escarpées ; mais ils ont aussi le droit de savoir, et de savoir d'abord où finit le savoir et où commence le rêve. »[99]

---

99. Evry Schatzman, *L'expansion de l'Univers* (voir bibliographie), p. 98.

Bibliographie

Il est impossible de donner une bibliographie exhaustive sur un sujet si vaste. Le lecteur trouvera ci-dessous une liste succincte des ouvrages que nous avons utilisés. Nous nous sommes limités exclusivement aux travaux de synthèse récents en langue française, donc facilement disponibles. Les livres anciens ont été signalés uniquement s'ils sont en ligne. En effet, quelques bibliothèques offrent des possibilités de chargement gratuit (pour la BNF, www.gallica.bnf). Cependant, le lecteur pourra trouver des références aux écrits en langue étrangère en note de bas de page. Les ouvrages des savants étudiés figurent également en notes dans les chapitres en question.

D'autre part, nous avons classé les livres selon leur niveau à l'aide des symboles : (*) à la portée du débutant ; (**) pour approfondissement ; (***) usage universitaire.

◆ Ouvrages utilisés dans plusieurs parties du livre

Encyclopédies

Universalis, Robert, Larousse, Encarta, Catholic Encyclopedia.

Pour les biographies

Dictionary of Scientific Biography, GILLISPIE C. C., Charles, Scribners Sons, N. Y.

Biographie universelle ancienne et moderne, Michaud (Dictionnaire du XIXe siècle disponible sur www.gallica.bnf)

Site : http://www-gap.dcs.st-and.ac.uk/~history/BiogIndex.html

Dictionnaires

Dictionnaire de l'astronomie et de l'espace, DE LA COTARDIÈRE Philippe et PENOT Jean-Pierre, Larousse, 1999.

Dictionnaire d'histoire et philosophie des sciences, LECOURT Dominique, PUF, 1999.

Dictionnaire des sciences, SERRES Michel et FAROUKI Nayla, Flammarion, 1997.

Dictionnaire du darwinisme et de l'Évolution, TORT Patrick, PUF, 1996. (Ouvrage couronné par l'Académie des sciences).

Ouvrages collectifs

(**) *Le grand livre du ciel*, Bordas, 1999.

(**) *Astronomie Flammarion* (2 v.), dir. PECKER Jean-Claude, Flammarion, 1985.

(Deux volumes superbement illustrés, rédigés par des astronomes et professeurs d'université, relatant à la fois l'historie de l'astronomie, l'évolution des étoiles et les instruments d'observation.)

Histoire des sciences (4 v.), dir. TATON René, PUF, 1969.

(Les plus illustres historiens des sciences français ont participé à la rédaction de cet ouvrage, qui, malheureusement, commence à dater.)

Un siècle d'astronomie, Société Astronomique de France, Vuibert, 2003.

(Cet ouvrage reprend les plus importants articles publiés par l'Astronomie (bulletin de la SAF) au XXe siècle. Impossible de les résumer. Cette œuvre magnifique est composée d'articles riches, variés et écrits par les noms les plus célèbres de l'astronomie française.)

Œuvres de synthèse

BLAY Michel, (**) *Lumières sur les couleurs. Le regard du physicien*, Ellipses, Paris, 2001.

BRAHIC André, (**) *Enfants du Soleil – Histoire de nos origines*, Odile Jacob, 1999.

(Planétologue et grand vulgarisateur, André Brahic décrit les thèses sur l'origine du système solaire et s'intéresse à la possibilité de l'existence d'autres « Terres ».)

BRAHIC André, (***) *Planètes et satellites*, Vuibert, 2001.

(Livre construit autour de cinq leçons expliquant la formation et la constitution des planètes et des satellites, ainsi que leurs mouvements.)

FERRIS Timothy, (**) *Histoire du cosmos de l'Antiquité au Big Bang*, Hachette, 1992.

KOHLER Pierre, (*) *Le ciel, Atlas guide de l'univers*, Hachette, 1982.

(Très bel ouvrage, résumant l'essentiel de l'astronomie, contenant des cartes du ciel, des descriptions d'instruments, un index et un glossaire fort utile.)

LACHIÈZE-REY Marc, (*) *Initiation à la cosmologie*, Masson, 1992.

MAITTE Bernard, (**) *La lumière*, Seuil, Paris, 1981.

MAURY Jean-Pierre, (*) *Une histoire de la physique sans les équations*, Vuibert, 2000.

(Comme son nom l'indique, il s'agit d'une histoire de la physique racontée sans les mathématiques. Ce livre destiné à séduire les débutants et les non scientifiques réussit parfaitement sa mission.)

MINOIS Georges, (*) *L'Église et la science – Histoire d'un malentendu* (2 v.), Fayard, 1990 et 1991.

(Dans le premier volume, Georges Minois déplore les erreurs qui ont conduit au procès de Galilée et à la rupture entre les savants et l'Église. Dans le deuxième, il soutient que l'Église, après ce procès, adopte l'immobilisme comme règle de conduite avant de changer d'avis au XIXe siècle : elle va s'opposer à la vaccination et au darwinisme, puis énoncer un catalogue de condamnations rétrograde, le Syllabus. Heureusement, d'après l'auteur, au XXe siècle, Pie XII et Jean-Paul II rouvrent le dialogue avec les savants et créent donc l'espoir d'une synthèse entre religion et science. Minois reconnaît cependant qu'il ne sera pas aisé d'intégrer le Big Bang et le quanta à la théologie.)

PECKER Jean-Claude, (*) *Le ciel et deux écrits*, collection Savoir, Hermann, 1972.

(Le ciel a plusieurs facettes dans l'imaginaire des hommes, qui va de la magie à l'astronomie en passant par l'astrologie. Après les avoir décrites dans un langage parfois poétique, l'auteur s'intéresse (dans deux écrits séparés) à l'astrophysique théorique et à l'évolution des étoiles.)

PECKER Jean-Claude, (*) *L'avenir du Soleil*, Hachette, 1990.

(Dans cet ouvrage de dimension modeste, Jean-Claude Pecker explique au grand public quel sera le sort de notre étoile. L'auteur annonce sa mort dans quelques milliards d'années sous la forme d'une « naine blanche » puis de « géante rouge ».)

ROSMORDUC Jean, (*) *Une histoire de la physique et de la chimie*, Seuil, Points Sciences, 1985.

(Excellent résumé sans formalisme mathématique de l'histoire de la physique et de la chimie, de Thalès à nos jours.)

SEGRÉ Emilio, (**) *Les physiciens classiques et leurs découvertes*, Fayard, 1987 et (**) *Les physiciens modernes et leurs découvertes*, Fayard, 1984.

(Emilio Segré, prix Nobel de physique 1959, a écrit *Les physiciens modernes* pour exposer l'histoire de la physique au XXe siècle, à laquelle il a été étroitement associé. Le succès de ce livre l'a conduit à rédiger *Les physiciens classiques* qui débute avec Galilée.)

SIMAAN Arkan et FONTAINE Joëlle, (*) *L'Image du Monde, des Babyloniens à Newton*, Adapt, 1999.

(Ce livre est une introduction au présent ouvrage. Il s'agit d'un panorama de la façon dont on s'est représenté la Terre des Babyloniens à Newton, avec l'idée que les découvertes scientifiques sont inséparables de la mentalité de leur époque. La présence d'encarts explicatifs scientifiques chronologiques et biographiques rend cet ouvrage adapté aux débutants et utile aux enseignants d'histoire, de physique et de philosophie qui désirent motiver leurs élèves.)

TATON René, (***) *Études d'histoire des sciences*, Brepols, Belgique, 2000.

(René Taton est l'un des pères fondateurs de l'histoire des sciences en France. Pour son quatre-vingt-cinquième anniversaire, ses élèves et amis lui ont offert ce recueil contenant environ quarante articles écrits par lui. À côté des études traitant des sujets généraux, on trouve des analyses de l'œuvre de Clairaut, Laplace, Monge, Lagrange, Carnot, Ampère et de nombreux autres savants.)

VERDET Jean-Pierre, (**) *Une histoire de l'astronomie*, Points sciences, Seuil, 1990.

(Les ouvrages de Jean-Pierre Verdet sont des références dans l'histoire de l'astronomie : l'auteur aborde toujours son sujet avec sérieux, minutie et compétence.)

VERDET Jean-Pierre, (***) *Astronomie et astrophysique – Textes essentiels*, Larousse, 1993.

(Il s'agit d'une collection de « textes essentiels » de l'histoire de l'astronomie. On y trouve des extraits importants – certains ayant été traduits spécialement pour cette édition – de Platon, d'Aristote, de Ptolémée, de Copernic, de Tycho Brahe, de Bruno, de Galilée, de Descartes, de Newton, de Wright, de Kant, de Laplace, Herschel, d'Einstein, etc. Chaque texte est précédé d'une remarquable note biographique.)

◆ Ouvrages utilisés notamment pour le XVIIIe siècle

BADINTER Élisabeth, (**) *Les Passions Intellectuelles – Désirs de gloire*, Fayard, 1999 ; (**) *Les Passions Intellectuelles – Exigence de dignité*, Fayard, 2002.

(Description de l'ambiance intellectuelle en France de 1735 à 1751 (1er volume) et de 1751 à 1762 (2e volume). Voltaire, d'Alembert, Buffon, Montesquieu, Maupertuis, Frédéric II et bien d'autres personnages reprennent vie dans ces deux volumes.)

DELAMBRE Jean-Baptiste, (***) *Histoire de l'astronomie au XVIIIe siècle.*

(Un classique de l'histoire de l'astronomie écrit au XIXe siècle par l'un des acteurs les plus importants du système métrique – disponible sur www.gallica.bnf.)

GILLIPSIE C. C., (***) « L'exposition du système du monde », *La Recherche*, n° 292, Novembre 1996, pp. 74-79.

(Courte biographie et analyse de l'œuvre de Laplace.)

HAZARD Paul, (***) *La crise de la conscience européenne*, Fayard, 1961.

(Un classique de l'ambiance intellectuelle en France à la fin du XVIIe siècle, début du XVIIIe.)

HEILBRON John, (***) *Astronomie et églises*, Belin, Pour La Science, 2003.

(Ouvrage érudit centré sur l'utilisation des cathédrales aux XVIIe et XVIIIe siècles comme observatoires pour fixer à l'avance la date de la fête de Pâques. Parmi les églises étudiées figure Saint-Sulpice à Paris, où existe une belle méridienne.)

MERLEAU-PONTY Jacques, (***) « Laplace : un héros de la science 'normale' », *La Recherche* n° 98, pp. 251-258.

(Une analyse de la science de Laplace.)

PATY Michel, (**) « D'Alembert : science et philosophie à l'époque des Lumières », *La Recherche*, n° 152, février 1987, pp. 166-177.

SIMAAN Arkan (*) *La science au péril de sa vie – Les aventuriers de la mesure du monde*, Vuibert/Adapt, 2001.

(Il s'agit d'une description de trois grandes séries d'expéditions du XVIIIe siècle : celles qui sont parties au Pérou et en Laponie (1738-1743) pour décider si la Terre est ou non aplatie aux pôles, et résoudre ainsi le différend entre cartésiens et newtoniens ; celles qui se sont aventurées aux quatre coins du monde en 1761 et 1769 pour observer le passage de Vénus, et ainsi déterminer les dimensions du système solaire ; et, enfin celles qui ont mesuré le méridien pendant la Révolution pour déterminer le mètre et créer le système métrique. Avec de nombreux encarts scientifiques et biographiques, il convient au lecteur débutant et particulièrement aux enseignants d'histoire et de physique.)

◆ Ouvrages utilisés notamment pour le XIXe siècle

GAPAILLARD Jacques, (***) *Et pourtant elle tourne – Le mouvement de la Terre*, Seuil, 1993.

(Après avoir passé en revue l'histoire des idées autour du mouvement de la Terre, Jacques Gapaillard examine la validité des preuves expérimentales avancées pour justifier ce mouvement comme le pendule de Foucault, l'aberration des étoiles, etc. Ce livre est particulièrement recommandé à ceux qui s'intéressent aux difficiles questions de la relativité du mouvement, notamment à l'expérience de Michelson.)

MERLEAU-PONTY Jacques, (***) *La science de l'Univers à l'âge du positivisme*, Vrin, 1983.

(Un exposé érudit et très complet sur le débat d'idée autour de l'astronomie au XIXe siècle. Vivement recommandé à ceux qui désirent approfondir l'histoire de l'astronomie.)

ROSMORDUC Jean, ROSMORDUC Vinca et DUTOUR Françoise, (*) *Les révolutions de l'optique et l'œuvre de Fresnel*, Vuibert/Adapt, 2004.

(Après un bref rappel de l'histoire de l'optique depuis l'Antiquité, ce livre très bien écrit aborde la révolution de cette science commencée par Young et Fresnel. Il comporte plusieurs annexes explicatives et des biographies succinctes bien faites.)

◆ Ouvrages utilisés notamment pour le XXe siècle

AUFFRAY Jean-Paul, (***) *Einstein et Poincaré – sur les traces de la relativité*, Pommier, 1999.

(Avec des arguments solides, l'auteur soutient que le véritable inventeur de la relativité est Poincaré. Lecture vivement recommandée pour ceux qui veulent approfondir la question.)

BALIBAR Françoise, (**) *Galilée et Newton lus par Einstein*, PUF, 1990.

(Après avoir mis en perspective les relativités de Galilée et d'Einstein, Françoise Balibar, spécialiste d'Einstein, montre comment l'espace et le temps absolus de Newton sont des notions dépassées.)

BALIBAR Françoise, (*) *Einstein, la joie de la pensée*, Découvertes Gallimard, 1993.

(Biographie succincte et très illustrée d'Einstein.)

EINSTEIN Albert, (et Léopold Infeld), (*) *L'évolution des idées en physique*, Champs Flammarion, 1983 ; (*) *Comment je vois le Monde*, Champs Flammarion, 1989 ; (***) *Conceptions scientifiques*, Champs Flammarion, 1990.

(Einstein était non seulement un savant hors pair, mais aussi un vulgarisateur génial. Ses livres sont probablement la meilleure présentation existante de la relativité. D'ailleurs, très souvent, les ouvrages de vulgarisation de cette théorie ne font que les paraphraser.)

GRIBBIN John, (**) *À la poursuite du Big Bang*, Champs Flammarion, 1992.

HAWKING Stephen, (*) *Une brève histoire du temps*, Champs Flammarion, 1991 ; (**) *Commencement du temps et fin de la physique*, Flammarion, 1992.

(Les sujets de ces deux livres se recoupent. Il s'agit pour Hawking de présenter la cosmologie moderne dans un langage accessible à tous.)

HOFFMANN Banesh, (***) *Histoire d'une grande idée, la relativité*, Belin, Pour La Science, 1985.

(Exposé particulièrement bien fait de la relativité par un ami – et collaborateur – d'Einstein.)

HOFFMANN Banesh et DUKAS Helen (*) *Albert Einstein, créateur et rebelle*, Seuil, 1975.

(Biographie vivante dressée par un ami d'Einstein, Banesh Hoffmann, et la secrétaire du savant pendant presque trente ans, Helen Dukas.)

KUNTH Daniel, (*) *Les quasars*, Domino, Flammarion, 1998.

(Exposé court sur les quasars.)

LUMINET Jean-Pierre, (*) *Les trous noirs*, Seuil, 1992.

(Traduit dans plusieurs langues, ce livre qui contient de nombreuses notes historiques est devenu une référence sur la question.)

LUMINET Jean-Pierre, (***) *L'Univers chiffonné*, Fayard, 2001.

(La plume alerte de Luminet s'avère particulièrement importante pour traiter le sujet original de ce livre. Quelle est la forme de l'espace ? Y a-t-il des images fantômes de lointaines galaxies ? En effet, des courbures locales de l'espace (dues à la présence de matière) peuvent donner naissance à des mirages gravitationnels.)

LUMINET Jean-Pierre, (*) *L'invention du Big Bang*, Seuil, 2004.

(Partisan convaincu du Big Bang, et également traducteur de Friedmann, Luminet rappelle dans ce livre les rôles respectifs de Friedmann, de Lemaître et de Gamow dans l'élaboration de cette théorie.)

MERLEAU-PONTY Jacques, (***) *Cosmologie du XXe siècle*, Gallimard, 1965.

(Ouvrage érudit sur la cosmologie au XXe siècle. Particulièrement intéressant pour ceux qui veulent approfondir le sujet.)

MERLEAU-PONTY Jacques, (**) *Einstein*, Flammarion, 1995.

(Excellente présentation de la science et de la vie d'Einstein.)

MINÉ Philippe, (***) *Bizarre Big Bang – L'épopée de la physique*, Belin, Pour la Science, 2001.

NARLIKAR Jayant V., (***) « Cosmologie moderne, une approche critique », *L'Astronomie* (Société Astronomique de France), juillet-août 2004.

(Point de vue d'un opposant au Big Bang, défenseur de la théorie de l'état quasi-stationnaire.)

PECKER Jean-Claude, (**) *L'Univers exploré, peu à peu expliqué*, Odile Jacob, 2004.

(L'auteur y a rassemblé plusieurs cours d'astronomie donnés aux États-Unis en 1988-1989. Il en résulte un ouvrage varié dans son contenu et riche en informations. En effet, son sujet couvre l'astronomie depuis l'Antiquité jusqu'à nos jours. Dans son dernier chapitre, l'auteur commente les cosmologies alternatives au Big Bang.)

REEVES Hubert, (**) *Patience dans l'azur*, Points sciences, Seuil, 1988 ; (**) *Poussières d'étoiles*, Seuil, 1994 ; (**) *Dernières nouvelles du cosmos*, Seuil, 1994 ; (**) *La première seconde*, Seuil, 1995.

(Agréables à lire, les ouvrages de Hubert Reeves utilisent un découpage bien balisé en plusieurs niveaux. Le lecteur peut donc choisir celui qui lui convient.)

SCHATZMAN Evry, (*) *Les enfants d'Uranie*, Seuil, 1986.

(Evry Schatzman est l'un des fondateurs de l'astrophysique française. Ses livres sont d'une rare clarté. *Les enfants d'Uranie* convient pour les personnes qui désirent une introduction solide à l'astrophysique.)

SCHATZMAN Evry, (*) *L'expansion de l'Univers*, Hachette, 1989.

(Evry Schatzman expose les raisons de son acceptation de la théorie du Big Bang, thèse qu'il avait auparavant combattue. Il s'agit cependant d'une adhésion critique.)

SILK Joseph, (***) *Le Big Bang*, Biblio essais, Odile Jacob, 1997.

(Professeur d'astronomie à Berkeley, Joseph Silk décrit le développement de la cosmologie moderne depuis Friedmann, Einstein et Lemaître jusqu'au Big Bang. Quelques chapitres traitent de l'évolution des galaxies, de la formation des étoiles, des quasars, etc. Il expose aussi les théories alternatives au Big Bang.)

TRINH Xuan Thuan, (**) *La mélodie secrète – Et l'homme créa l'Univers*, Folio essais, Gallimard, 1991.

(Agréable à lire, La mélodie secrète adopte résolument la théorie du Big Bang. L'auteur s'y engage dans des considérations métaphysiques sur le sens de l'Univers, la Création du monde et les rapports entre Dieu et le Big Bang.)

TRINH Xuan Thuan, *Trinh Xuan Thuan, un astrophysicien*, entretien avec Jacques Vauthier, Beauchesne-Fayard, 1992.

(Il s'agit d'un entretien avec Jacques Vauthier pour la collection « Scientifiques & Croyants », où Thuan, bouddhiste d'origine vietnamienne, expose à la fois l'astronomie moderne, son itinéraire personnel et sa vision du monde.)

WEINBERG Steven, (**) *Les trois premières minutes de l'Univers*, Points Seuil, Paris, 1988.

(Weinberg, prix Nobel de physique en 1979 pour sa contribution à la synthèse électrofaible, expose un vibrant plaidoyer pour la théorie du Big Bang. En raison de ses liens d'amitié avec plusieurs protagonistes de cette thèse, ce livre contient plusieurs informations de première main et peut être considéré comme un témoignage.)

◆ Biologie, géologie, transformisme et évolution

GOHAU Gabriel, (*) *Une histoire de la géologie*, Points sciences, Seuil, 1990.

(Bien que le mot « géologie » soit né à la fin du XVIIIe siècle, Gabriel Gohau commence son récit dans l'Antiquité, pour le plus grand bonheur de ses lecteurs. Il s'agit d'un ouvrage complet, agréable à lire et foisonnant d'informations.)

GOHAU Gabriel, (**) *Naissance de la géologie historique. La Terre, des « théories » à l'histoire*, Vuibert/Adapt, 2004.

(Cet ouvrage peut être considéré comme un complément au premier, où l'auteur revient sur les travaux de Buffon, Cuvier, Hutton, etc.)

LAURENT Goulven, (*) *La naissance du transformisme. Lamarck, entre Linné et Darwin*,Vuibert/Adapt, 2001.

(L'auteur met en relief la contribution de Lamarck à la fondation du concept d'évolution.)

MAZLIAK Paul, (**) *Les fondements de la biologie. Le XIXe siècle de Darwin, Pasteur et Claude Bernard*, Vuibert/Adapt, 2001.

(Une présentation de la biologie solide et particulièrement agréable à lire.)

ROGER Jacques, (***) « Buffon et le transformisme », *La Recherche* n° 138, Novembre 1984.

TORT Patrick, (*) *Darwin et la science de l'évolution*, Découvertes Gallimard, 2000.

(Biographie de Darwin pour le grand public, écrite par un spécialiste. Très illustrée et très agréable à lire.)

◆ Numéros spéciaux des revues

Ciel et Espace, *L'Histoire cachée de l'astronomie*, juillet-août, 1993.

Les Cahiers de Science et Vie : *Einstein*, août 1993.

Science et Vie Hors Série : *L'Univers de la gravitation*, décembre 1998.

Pour La Science : *Einstein, le père des temps modernes*, mai-août 2002.

◆ Outils pédagogiques

Cahiers Clairaut (Laboratoire d'astronomie, bat. 470, Université Paris Sud, 91405 Orsay Cedex, téléphone : 01 69 15 77 66)

(Les Cahiers Clairaut, organe du CLEA – Comité de Liaison Enseignants et astronomes – publient des documents de valeur pour les enseignants. Ils sont nombreux, variés et adaptés au niveau des élèves, y compris ceux de collège.)

ACKER Agnès et JASCHEK Carlos, (**) *Astronomie, méthodes et calculs*, Masson, 1997.

CANNAT Guillaume, (*) *Le guide du ciel*, Nathan et (*) *Le ciel en... à l'œil nu*, Nathan.

(Tous les ans, Guillaume Cannat publie un Guide du ciel avec les informations nécessaires aux astronomes confirmés pour apprécier la beauté du ciel. On y trouve les dates des événements, les meilleurs sites d'observation, etc. Pour les astronomes débutants, il y a un *Le ciel en (année) à l'œil nu*, paraissant en septembre de chaque année.)

DODRAY Gilles, (*) *Arpenter l'Univers – Une méthode d'astronomie expérimentale*, Vuibert, 2004.

(Ce professeur de mathématiques en lycée décrit par le menu les activités de son club d'astronomie. Avec un équipement sommaire, les élèves mesurent les dimensions et les distances des astres. Vivement recommandé aux enseignants.)

DROUIN Fabrice, (*) *L'astronomie en questions*, Vuibert, 2001.

(L'astronomie présentée sous la forme de questions et réponses, avec des schémas particulièrement bien faits.)

GOUGUENHEIM Lucienne, (**) *Méthodes de l'astrophysique*, Hachette, 1981.

(Cet ouvrage s'adresse aux enseignants désireux de se familiariser avec les méthodes de l'astrophysique.)

LINDEMANN Eric, (**) *Mécanique, une introduction par l'historie de l'astronomie*, De Boeck Université, 1999.

(Cet ouvrage bien réussi, avec des schémas particulièrement soignés convient aux enseignants qui désirent introduire la mécanique par l'histoire.)

PECKER Jean-Claude, (*) *Le promeneur du ciel*, Stock, 1992.

ROSMORDUC Jean, ROSMORDUC Vinca et DUTOUR Françoise, (*) *Les révolutions de l'optique et l'œuvre de Fresnel*, Vuibert/Adapt, 2004. (Voir l'analyse de ce livre plus haut.)

SIMAAN Arkan et FONTAINE Joëlle, (*) *L'Image du Monde des Babyloniens à Newton*, Adapt, 1999. (Voir l'analyse de ce livre plus haut.)

SIMAAN Arkan (*) *La science au péril de sa vie. Les aventuriers de la mesure du monde*, Vuibert/Adapt, 2001. (Voir l'analyse de ce livre plus haut.)

SIMAAN Arkan (coordination) (*) *Vénus devant le Soleil – Comprendre et observer un phénomène astronomique*, Vuibert/Adapt, 2004.

(Écrit par Jacques Blamont, Guillaume Cannat, Yves Delaye, Michel Laudon, Jean-Pierre Luminet, Steven M. Van Roode, David Sellers et Arkan Simaan, ce livre est centré sur le passage de Vénus. Il contient plusieurs articles intéressants pour une exploitation pédagogique, notamment la description de Vénus dans l'imaginaire des hommes et un dossier sur les mesures dans le système solaire.)

Moyens Internet

Il est actuellement impossible de faire une recherche sans recourir à l'Internet, notamment pour les jeunes. Malheureusement, si les sites sont nombreux et riches, ils manquent souvent de pérennité. Nous avons dressé une liste très sommaire uniquement des sites en langue française : les élèves pourront y trouver rapidement des informations.

Sites pédagogiques pour les élèves et les maîtres :

- Institut de Mécanique Céleste et de Calcul des Éphémérides :
  http://www.imcce.fr/serveur.html
- CLEA : http://www.ac-nice.fr/clea/CLEAPresentation.html
- La Main à la Pâte : http://www.inrp.fr/lamap/

http://perso.wanadoo.fr/pgj/chrono2.htm (Un remarquable tableau chronologique.)

http://www.astrosurf.com/ (Des informations variées.)

http://perso.wanadoo.fr/pgj/histoire.htm (Des informations variées.)

http://emilie.bodin.free.fr/ (Une remarquable liste de liens.)

Site d'informations scientifiques générales, avec forums de discussion :

http://www.futura-sciences.com/

(Un site très visité, sans cesse alimenté dans tous les domaines scientifiques.)

Encarts

Encarts explicatifs

Encarts biographiques

Crédits photographiques

Bibliothèque nationale de France : p. 15.

Deutches Museum, Munich : p. 91.

École polytechnique (photo Alain Prevot) : p. 48.

Œuvres de Lagrange (Èd. J.-A. Serret). Paris : Gauthier-Villars : p. 48.

Société astronomique de France : p. 31, 44, 46 et 86.

Droits réservés : p. 10, 13, 18, 22, 25, 28, 34, 41, 43, 52, 58, 60, 61, 65, 66, 67, 69, 72, 73, 74, 76, 79, 82, 83, 87, 94, 104, 109, 112, 117, 120, 123 et 133.

L'auteur et l'éditeur remercient Dermeval Carneiro, Jean-Claude Pecker et David Sellers d'avoir bien voulu leur communiquer gracieusement les documents reproduits p. 70, 71, 98, 103, 105 et 131.

Schémas de l'auteur : p. 58, 61, 78, 89, 97, 100, 102 et 111.

Index

COLLECTION D'HISTOIRE DES SCIENCES
COÉDITÉE PAR VUIBERT ET ADAPT
Association pour le développement d'auxiliaires pédagogiques et de technologies d'enseignement, SNES

Arkan SIMAAN (coordinateur), avec Jacques BLAMONT, Guillaume CANNAT, Yves DELAYE, Michel LAUDON, Jean-Pierre LUMINET, David SELLERS et Steven M. VAN ROODE, *Vénus devant le Soleil,* 208 pages

Arkan SIMAAN, *L'image du monde, de Newton à Einstein,* préface de Jean-Claude PECKER, 160 pages

Arkan SIMAAN, *La Science au péril de sa vie. Les aventuriers de la mesure du monde*, 208 pages, préface de Jean-Claude PECKER, postface de Jean ROSMORDUC

Bernard AUTHIER, *Entre Terre et ciel, à la découverte des sciences de l'atmosphère et de l'espace,* 208 pages, préface de Georges COURTÈS

Claude BABIN, *L'histoire de la Terre expliquée par le catastrophisme,* 176 pages

Gabriel GOHAU, *Naissance de la géologie historique. La Terre, des « théories » à l'histoire*, 128 pages

Goulven LAURENT, *La naissance du transformisme. Lamarck entre Linné et Darwin,* 160 pages

Claude LÉCAILLE, *L'aventure de la chimie jusqu'à Lavoisier,* préface de Jean ROSMORDUC, 320 pages

Véronique LE RU, *Voltaire newtonien. Le combat d'un philosophe pour la science,* 128 pages

Bernard MARTY & Henri MONIN, *Le premier âge de l'ADN, histoire d'une molécule de l'hérédité,* 176 pages

Paul MAZLIAK, *Avicenne et Averroès. Biologie et médecine dans la civilisation de l'Islam,* 256 pages

Paul MAZLIAK, *Descartes. De la science universelle à la biologie*, 224 pages

Paul MAZLIAK, *Les fondements de la biologie. Le* XIX*e siècle de Darwin, Pasteur et Claude Bernard,* 352 pages

Paul MAZLIAK, *La biologie du* XX*e siècle. Les grandes avancées, de Pasteur aux neurosciences,* 352 pages

Bernard POURPRIX & Jacqueline LUBET, *L'aube de la physique de l'énergie. Helmoltz, rénovateur de la dynamique*, 176 pages

Jean & Vinca ROSMORDUC, Françoise DUTOUR, *Les révolutions de l'optique et l'œuvre de Fresnel*, 176 pages

Patrick TORT, *Fabre. Le miroir aux insectes,* 368 pages

Aux éditions Vuibert, des dizaines d'autres ouvrages de sciences et d'histoire des sciences : **http://www.vuibert.fr**
ADAPT : **http://www.adapt.snes.edu**

CET OUVRAGE
A ÉTÉ ACHEVÉ D'IMPRIMER
PAR L'IMPRIMERIE FLOCH
À MAYENNE EN MARS 2005

N° D'ÉDITEUR : MJ319. N° D'IMPRIMEUR : 62425.
DÉPÔT LÉGAL : MARS 2005
(Imprimé en France)